AF302708

Roter und gelber Papagei (Ara macao und Psittacula krameri, gelbe Mutation) am Kaiserhof in Peking

Hartmut Walravens und Albert König

Herrn Professor Roderich Ptak
zum 65. Geburtstag gewidmet

ISBN 9783752626445

© 2020, Hartmut Walravens & Albert König

Herstellung und Verlag: BoD – Books on Demand, Norderstedt

Bibliografische Information der Deutschen Nationalbibliothek: Die Deutsche Nationalbibliothek verzeichnet diese Publikation in der Deutschen Nationalbibliografie; detaillierte
bibliografische Daten sind im Internet über dnb.dnb.de abrufbar.

FSC
www.fsc.org

MIX
Papier aus verantwortungsvollen Quellen
Paper from responsible sources
FSC® C105338

Inhalt

Einleitung

Vor fast 20 Jahren erfuhr ich von einer interessanten naturkundlichen Publikation – das Palastmuseum in Taipei hatte 1997 ein kaiserliches Vogelalbum in 4 Bänden (*Gugong niaopu* 故宮鳥普) reproduziert, das höchst sorgfältig gemalt war und neben einem chinesischen auch einen mandschurischen Text aufwies. Neugierig gemacht, schrieb ich ans Museum – aber das Buch war schnell vergriffen gewesen. Etwa zehn Jahre später fand ich beim Stöbern im Hongkonger Museumsbuchladen die ersehnten 4 Bände und war angetan. Als ich einige Jahre darauf meinem Kollegen Albert König, der bis zur Versetzung in den Ruhestand Professor an der Universität Hongkong gewesen war, das Werk zeigte, war er begeistert; er hatte das Bild des hellroten Ara auf dem Deckel gesehen: „Diesen Vogel kenne ich doch“, und fühlte sich an seine Zeit in Venezuela erinnert. Doch die Begeisterung schlug fast unmittelbar in Enttäuschung um, als er entdeckte, dass dieser bestbekannte und auffälligste der Papageien falsch als Grünflügelara (*Ara chloropterus*) statt richtig als Scharlachara (*Ara macao*) bezeichnet wurde. Sogleich stellte sich die Frage: Wie kam dieser Papagei (in Südamerika meist Guacamayo genannt) an den chinesischen Kaiserhof? Und so ergab sich zwanglos ein interessantes Forschungsthema, zumal noch weitere Papageien im Vogelbuch abgebildet waren ....

Papageien in China

Papageien waren in China seit alther bekannt – einige Arten waren im tropischen Süden selbst einheimisch, andere kamen wegen der Federn und als begehrte Haustiere aus den südlichen Nachbarländern. Auch in Gedichten wurden sie gern besungen.[1]
Da sich Edward H. Schafer[2] und der Jubilar selbst[3] mehrfach mit der Geschichte der Papageien (bis einschließlich der Ming-Zeit) befaßt haben, erübrigt es sich hier, darauf einzugehen. Stattdessen soll der Blick hier auf die Qing-Zeit gerichtet werden.

Das Vogelbuch (*Niaopu* 鳥譜)

Das genannte kaiserliche Vogelalbum, ein Prachtwerk, zeigt in sorgfältigen farbigen Darstellungen, offenbar zumeist nach der Natur gemalt, 360 Vögel, die thematisch angeordnet und mit einem erklärenden Text in chinesischer und mandschurischer Sprache versehen sind. Beide Textversionen sind in Standardschrift geschrieben, womit schon angedeutet wird, daß die Erläuterungsfunktion und nicht der ästhetische Genuß einer besonders schwungvollen Kalligraphie der Hauptzweck ist. Die Aufmerksamkeit wird damit ganz auf die Vögel selbst konzentriert, deren Darstellung zu den besten Beispielen chinesischer Blumen- und Vogelmalerei zu zählen ist und den Prachtwerken europäischer Maler nicht nachsteht. Allerdings: während das Umfeld der Vögel weitgehend im Stil der „Blumen und Vögel“ gehalten ist, zeigen sich in der Zeichnung der Vögel selbst deutliche europäische Einflüsse, was darauf zurückzuführen ist, daß die beteiligten Hofmaler nicht nur bei chinesischen Meistern, sondern auch bei den Jesuitenmalern gelernt hatten.

---

1   William T. Graham: Mi Heng's Rhapsody on a parrot. *HJAS* 39.1979, 49–54. Li Bo XXIV, 49: Nachdem ich gerade den Kaiserpalast (in Ungnade) verlassen habe, suche ich den Zensor Wang auf, treffe ihn aber nicht zu Hause an; ich besinge seinen Papagei, dessen Käfig an der Mauer hängt (Zach 141); Bo Juyi (Zach 176); Das Mädchen in der Nachbarschaft: ... Und lehrt ihren Papagei das Sprechen; Der Papagei (Zach 178); Ni Heng: Papagei (*Wenxuan* XIII,6); Du Fu: Der Papagei. XV, 79 (Zach, 70).

2   Schafer 1959 und 1963. Außerdem: *The vermilion bird. T'ang images of the South.* Berkeley: Univ. of California Pr. 1967. VIII, 380 S.

3   Ptak 2003, 2006, 2011.

Das Werk wird im Katalog der kaiserlichen Profangemäldesammlung, dem *Shiqu baoji* 石渠寶笈, im Kapitel Chonghua gong 重華宮 12 verzeichnet. Die Anordnung ist dort nämlich nicht primär nach Malern oder Genres, sondern nach den Palastgebäuden, in denen die Stücke aufbewahrt wurden. Die war sowohl für den Kaiser selbst, der sich an einem Werk erfreuen wollte, sondern auch für die Verwaltung eine bequeme Lösung.

Im Katalog heißt es:

Handbuch der Vögel, von Yu Sheng und Zhang Weibang, kopiert nach dem von Jiang Tingxi 蔣廷錫.

Die zwölf Alben sind auf Seide gemalt. Jedes Album hat 30 Bilder, mit Ausnahme des letzten Albums, das 31 umfaßt. Die farbigen Abbildungen zeigen 361 Arten von Vögeln. Das Bild ist jeweils auf der rechten Seite, die Erklärung, in Mandschu und Chinesisch, auf der linken Seite. Ein Katalog der Vögel sowie zehn Oden auf den Kasuar sind am Ende des 12. Albums vom Qianlong Kaiser 13 Jahre nach Fertigstellung des Werkes ergänzt worden.[4] Ein Kolophon nennt die Namen der Hofbeamten Fuheng 傅恆[5], Liu Tongxun 劉統勳[6], Jaohui 兆惠[7], Arigôn 阿里袞[8], Liu Lun 劉綸[9], Śuhede 舒赫德[10], Agôi 阿桂[11] und Yu Minzhong 于敏中[12] als Beteiligte[13] und sagt:

> Vorstehend sind 12 Alben mit 360 Vogelbildern. Der Innere Palast besitzt ein illustriertes Vogelwerk des Gelehrten Jiang Tingxi. Im Frühling des Jahres Qianlong 15 (1750) befahl der Kaiser Yu Sheng 余省 und Zhang Weibang 張為邦 von der Malakademie, Jiangs Vogelbuch zu kopieren. Überdies ordnete er an, eine Textversion auf Mandschu links von den Bildern beizufügen. Die Arbeit wurde im Winter des Jahres Qianlong 26 (1761) vollendet und Seiner Majestät zur Durchsicht vorgelegt. Alle Fehler in Namen und Aussprache wurden ermittelt und von ihm korrigiert. Die Alben wurden geprüft und sorgfältig kollationiert, und alles auf das Projekt Bezügliche dokumentiert. In aller Bescheidenheit fühlen wir, daß das Shi-niao 釋鳥-Kapitel des berühmten Werkes *Erya* 爾雅[14] zwar eine sehr genaue Beschreibung der Vögel bietet, aber zahlreiche Kommentatoren haben in einzelnen Punkten teils dem Autor zugestimmt, teils sich dagegen gewandt, und daher steht manche Information in Frage. Die Kommentare des Lu Ji 陸璣 zum *Shi-shu* 詩疏[15] und von Zhang Hua 張華 zum *Qinjing* 禽經[16] sind ebenfalls sehr empfehlenswert, aber nicht ausreichend, weil sie nicht umfassend genug sind. Weil diese Vogelstudien in alter Zeit geschrieben wurden, ist es heute schwierig, ihre Details zu verifizieren. Solche Einschränkungen machen die Verbreitung dieser

---

4 Vgl. Lai (2013); A Manchu poem. o.J.

5 †1770; Hummel, 252–253.

6 1700–1773; Hummel, 533–534.

7 1708–1764; Hummel 72–75 (unter Chao-hui).

8 Generalleutnant, verdienter Offizier des Feldzugs gegen die Dsungaren und Ostturkestan, wurde durch ein kaiserliches Gedicht und ein Porträt gewürdigt. Hummel 252.

9 1711–1773; Hummel 525.

10 1711–1777; Hummel, 659–661.

11 1717–1797; Hummel, 6–8.

12 1714–1780, Hummel, 942–944.

13 Die Redaktoren besaßen alle das besondere Vertrauen des Kaisers. Fuheng, Liu Tongxun, Liu Lun, Agôi und Yu Minzhong waren auch bei verschiedenen anderen großen Werken beteiligt; Jaohui, Arigun und Śuhede hatten sich bei den Feldzügen gegen Ostturkestan und die Dsungaren besonders hervorgetan..

14 Kapitel 17 des *Erya*, das älteste chinesische Wörterbuch, das traditionell auf das 3. Jh. v. Chr. datiert wird.

15 Kommentar zum Buch der Lieder, dem chinesischen Klassiker *Shijing*.

16 Dieser „Klassiker der Vögel" wird einem Shi Kuang 師曠 aus der Chunqiu-Zeit zugeschrieben, dürfte aber wesentlich jüngeren Datum sein, ebenso wie der erwähnte Kommentar. Alle späteren Vogelbücher beziehen sich auf dieses populäre Werk, das übrigens feststellt, es gebe 360 Arten von Vögeln, deren vornehmster der Phönix (*feng* und *huang*) sei. So ist auch die Anzahl der im *Niaopu* beschriebenen Vögel (360) keineswegs zufällig.

Information für ein allgemeines Publikum praktisch unmöglich. Weiterhin enthält keine dieser Veröffentlichungen Bilder, und das macht die Nachprüfung noch schwieriger. Die Vögel, die in diesem Handbuch verzeichnet sind, umfassen solche, die zu den Wolken auffliegen und solche, die auf den Gewässern leben; sie sind in viele Kategorien eingeteilt. Die Vogelfedern sind bestimmt worden, die Rufe verzeichnet worden, die Freß- und Nistgewohnheiten untersucht worden, und die Unterschiede zwischen Weibchen, Männchen, jungen und alten Vögeln sind ermittelt worden. In der Tat, dieses Handbuch ist ein wichtiger Beitrag zur Zoologie und kann allen Interessenten von bedeutender Hilfe sein. Die Bandbreite dieser Studie erstreckt sich bis zu den äußersten Grenzen des Reiches, sodaß wir Nachrichten von solchen Seltenheiten bekommen wie dem Gefieder des Phönix von Xinjiang oder einem Straußenei aus dem Iran. Dieses illustrierte Handbuch sollte deshalb als eine bedeutende vom Kaiser initiierte Errungenschaft betrachtet werden. Das vorliegende Werk sticht durch gute und geschickte Maltechnik und passende Farben hervor; es wirkt dekorativ und ist sehr sorgfältig ausgeführt. Es zeigen sich Einflüsse der europäischen Malerei, was nicht verwunderlich ist, da Zhang Weibang ein Schüler Castigliones war. Yu Sheng war ein Schüler Jiang Tingxis, der mit der Arbeit seines Lehrers bestens vertraut war. Obwohl das Kompendium der Blumen- und Vogelmalerei zuzurechnen ist, so steht doch jeweils der Vogel im Zentrum und Bäume, Zweige und Blumen bilden den Hintergrund. Überdies ist die Darstellung auf die jeweiligen Beschreibungen abgestimmt.

Die beiden Maler waren auch mit der Erstellung eines parallelen Werks über vierfüßige Tiere *Shoupu* 獸譜 betraut, das sie gleichzeitig mit dem Vogelwerk dem Kaiser einreichten.[17]

Neumann und Zhou (2004) stellen zum Werk fest: „Bemerkenswert an diesem Handbuch ist, daß eine beachtliche Zahl nicht-chinesischer Vogelarten einbezogen wurde, nicht nur aus dem südostasiatischen Raum, sondern bei den Papageien auch aus westafrikanischen und südamerikanischen Regionen. Die Bilder lassen insgesamt wenig daran zweifeln, daß die Vögel, mit Ausnahme des legendären Phönix, den Malern als lebende Objekte Modell standen, und nicht als frische oder ausgestopfte Jagdtrophäen. In den Menagerien des Kaiserhofes, in privaten Gärten der höheren Beamten mit Volieren- und Käfighaltungen, bei den kleineren Singvögeln vielleicht auch in Parks oder auf Märkten dürfte es dafür genügend Gelegenheiten gegeben haben.“[18]

Nach den Zaobanchu 造辦處 [Palastwerkstätten]-Akten übergab der Eunuch Hu Shijie 胡世傑 am 22. X. 1749 ein Album *Vögel* und verbreitete den kaiserlichen Befehl, daß Yu Zhi[19] 余穉 nach Maßgabe des *Kompendiums der Vögel* 鳥普 ein Vogelbuch auf Seide in 12 Alben malen sollte. Über das weitere Schicksal dieses Projekts ist nichts bekannt; möglicherweise entschied der Kaiser, die Arbeit lieber federführend dem älteren Bruder Yu Sheng sowie Zhang Weibang anzuvertrauen; Yu Zhi mag Mitarbeiter gewesen sein – indes ist das bloße Vermutung.

Yu Sheng 余省 (1692–1767), *zi*: Zengsan 曾三, *hao*: Luting 魯亭, Sohn des Yu Xun 余殉, stammte aus Changshu in Jiangsu. Er profilierte sich als Tiermaler bei Jiang Tingxi und wurde unter die Hofmaler aufgenommen. Er verband Elemente der chinesischen und westlichen Malerei. Er war dafür bekannt, daß er nach der Natur zeichnete[20], also von lebenden Exemplaren, wofür die Kaiserlichen Aviarien und Volieren Modelle boten.

Zhang Weibang 張為邦 – auch 維邦 – Lebensdaten unbekannt, stammte aus Guanglin (heute Yangzhou) in Jiangsu. Sein Vater Zhang Zhen 张震 war während der Kangxi-Zeit Hofmaler. Weibang trat auch als Maler ein; 1726 wird er in den Akten als Hofmaler erwähnt.

17　Dieses Werk ist ganz nach dem Vorbild arrangiert und liegt ebenfalls als Faksimile vor: *Qinggong shoupu* 清宮獸譜. Peking: Gugong chubanshe 2014. 414 S.

18　Vgl. Neumann und Zhou (2004), 34.

19　Der jüngere Bruder des Yu Sheng profilierte sich als Vogel, Insekten- und Fischmaler. Seine Lebensdaten sind nicht bekannt.

20　Vgl. Rudolph, 10.

Weibang war zunächst Ölmaler. Auf Grund seiner guten Arbeit wurde er als Vogelmaler eingesetzt. Sein Sohn Zhang Tingyan 張廷彥 (1735–1794) wurde 1744 von Weibang empfohlen und arbeitete ebenfalls als Hofmaler.

Nach Ausweis des Ruyiguan 如意館 [Amt für Malerei und dekorative Künste] erging der Befehl, daß Zhang Weibang die letzten 4 Hefte des Vogelbuchs malen sollte.

Über Veränderungen von Jiangs Originalen kann nur spekuliert werden. Namen und Beschreibungen wurden sicherlich von der Kommission aktualisiert.

Der Text des Vogelbuchs findet sich ohne Abbildungen im *Xuxiu Siku quanshu* 續修四庫全書 1119/457–682.

Als Beispiele werden nun zwei Papageienbeschreibungen (Übersetzungen aus dem Mandschu) gegeben und im Folgenden dann die bildlichen Darstellungen im historischen Kontext untersucht.

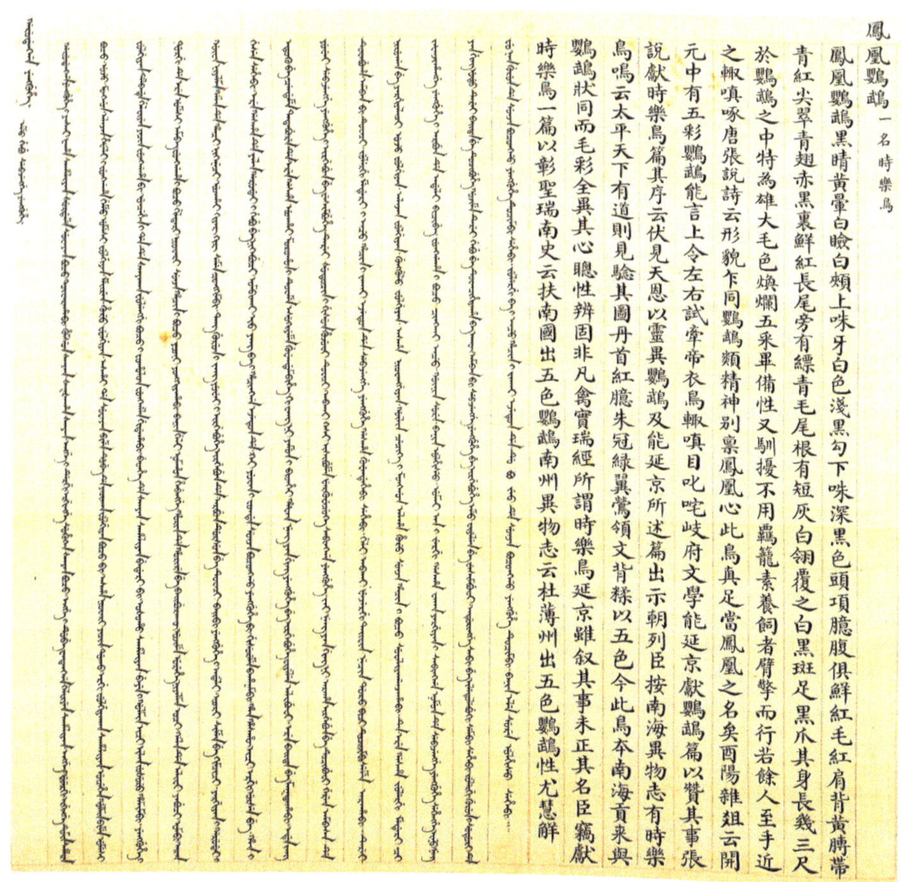

鳳凰鸚鵡　一名時樂鳥

鳳凰鸚鵡黑睛黃暈白瞼白頰上味牙白色淺黑勾下味深黑色頭項臆腹俱鮮紅毛紅肩背黃膊帶青紅尖翠青翅赤黑裏鮮紅長尾旁有縹青毛根有短灰白翎覆之白黑斑足黑爪其身長幾三尺於鸚鵡之中特為雄大毛色煥爛五采畢備性又馴擾不用羈籠素養飼者臂擊而行若餘人至手近之輒嗔啄唐張說詩云形貌下同鸚鵡類精神別稟鳳凰心此鳥真足當鳳凰之名矣酉陽雜俎云開元中有五彩鸚鵡能言上令左右試牽帝衣鳥輒嗔目叱吒岐府文學能延京獻鸚鵡篇以贊其事張說獻時樂鳥篇其序云伏見天恩以靈異鸚鵡及能延京所述篇出示朝列臣按南海異物志有時樂鳥鳴云太平天下有道則見驗其圖丹首紅臆朱冠綠翼鶯領文背褮以五色今此鳥本南海貢来與鸚鵡狀同而毛彩全異其心聰性辨固非凡禽實瑞經所謂時樂鳥延京雖叙其事未正其名臣竊獻時樂鳥一篇以彰聖瑞南史云扶南國出五色鸚鵡南州異物志云杜薄州出五色鸚鵡性尤慧辮

Scharlachara *Ara macao* (aus *Niaopu*)[21]

Garudangga yengguhe, emu gebu sebjengge yengguhe

Garudangga yengguhe-i yasai faha sahaliyan. śurdeme suwayan boco kôwarahabi. humsun šanyan. śakśaha šanyan. engge-i dergi erginge suhuken šanyan boco. engge-i dube watangga gelfiyen sahaliyan. engge-i fejergi erginge tumin sahaliyan boco. uju. monggon. alajan. hefeli-i funggaha gemu umesi fulgiyan. meiren. huru fulgiyan. ashai da suwayan bime. dube de yacikan fulgiyan boco bi. asha niowari yacin. doko ergi fulgiyakan. uncehen golmin bime umesi fulgiyan. dalbade gelfiyen yacin funggaha bi. uncehen-i da de śanyakan fulenggi boco-i foholon funggala gidahabi. bethe de śanyan sahaliyan bederi bi. ośoho sahaliyan. beye-i golmin ici ilan juśuru hamimbi. yengguhe-i dorgi de ere umesi amba. funggaha-i boco giltari niowari sunja hacin-i boco yooni yongkiyahabi. banin geli nomhon hebengge. horin de horire be baiburakô. ujime urehe niyalma oci. gala de alifi yabuci ombi. aika gôwa niyalma gala de hanci nikeneci. uthai kiyar kir seme congkimbi. Tang gurun-i Jang yuwei-i irgebuhe irgebun de. arbun dursun be tuwaci. baibi yengguhe-i adali. oori simen be kimcici. yargiyan-i garudai-i gese sehebi. ere gasha de yala garudai-i gebu be nikebuci ombikai. *Io yang ba-i hacingga ejetun* de. k'ai yuwan-i fonde. sunja boconggo yengguhe bi. gisureme bahanambi. han hashô ici ergi urse be. han-i etuku be cendeme tatabure de. ere gasha uthai morohon-i tuwame esukiyeme guwendembihe. ki wang-ni yamun-i bithei hafan Neng yan ging yengguhe be irgebuhe fiyelen alibufi. ere baita be maktahabi. ede jang yuwei sebjengge yengguhe-i irgebun be wesimbuhe. terei śutucin-i gisun. hujufi tuwaci. abkai kesi isibume ferguwecuke sabingga yengguhe. jai Neng yan ging-ni [能延京] araha irgebun be tucibufi geren ambasa de tuwabuha. amban bi tuwaci. julergi mederi-i encu hacin-i jakai ejetun de. sebjengge yengguhe gasha guwendehebi sehebi. geli abkai fejergi taifin necin doro bici tujinjimbi seme arahabi. terei nirugan be yargiyalaci uju fulgiyan. alajan fulgiyan. gunggulu fulgiyan. ashai niowanggiyan. gôlin cecike-i monggon alhan huru sunja hacin-i boco suwaliyaganjahabi. te. ere gasha julergi mederi ci jafanjihangge yengguhe-i arbun de adali bicibe. funggaha-i boco cingkai encu. gônin sure. banin ulhisu,

---

21　Dieses Bild aus dem *Niaopu* hat bereits Ptak 2011, Taf. 2 reproduziert.

umai an-i jergi gasha waka yargiyan-i sabingga nomun de sebjengge yengguhe sehengge inu. Neng yan ging udu terei baita be tucibuhe gojime. terei gebu be tuwancihiyaha ba akô. amban bi sebjengge yengguhe be irgebuhe emu fiyelen be wesimbufi. enduringge sabi be iletulebuki sembi sehebi. julergi gurun-i suduri de Fu nan gurun de sunja boconggo yengguhe tucimbi sehebi. julergi ba-i encu hacin-i jakai ejetun de. Du bo jeo de sunja boconggo yengguhe tucimbi. banin ele sure ulhisu sehebi:

Der bunte Phönixpapagei, auch der wonnige genannt, hat schwarze Pupillen umgeben von gelber Farbe. Die Augenlider sind weiß, ebenso die Backen. Die Schnabeloberseite ist bräunlich-weiß. Die Schnabelspitze bildet einen Widerhaken und ist schwärzlich. Die Schnabelunterseite ist tiefschwarz. Kopf, Kehle, Brust- und Bauchfedern sind überaus rot. Schultern und Rücken sind rot. Der Flügelansatz ist gelb, das Ende schwärzlich [dunkel?] rot. Die Flügel sind dunkelgrün schimmernd, auf der Innenseite rötlich. Der Schwanz ist lang und sehr rot. Auf der Seite befinden sich schwärzliche Federn. Am Schwanzansatz werden weißlich-graue kurze Federn niedergedrückt. An den Füßen sind schwarze und weiße Flecken. Die Krallen sind schwarz. Der Körper ist bis etwa 3 Fuß lang. Im Inneren hat er sehr große prächtig schimmernde Federn in allen Farben. Von Natur ist er gutmütig und folgsam. Man braucht ihn nicht in ein Bauer einzusperren. Wenn es jemand ist, der in der Fütterung erfahren ist, kann er ihn auf die Hand nehmen. Wenn jemand anders ihm nahe kommt, schreit er (ängstlich) und pickt mit dem Schnabel.[22] In einem Gedicht des Jang Yuwei [Zhang Yue 張説 667–730] aus der Tang-Zeit heißt es: Wenn man auf das Aussehen schaut, dann ist er dem Papagei ähnlich, wenn man die Substanz prüft, ist er in Wirklichkeit einem Phönix gleich. Wenn man diesen Vogel einen Phönix nennt ist es richtig. Das *Io yang ba-i hacingga ejetun* [*Youyang zazu*[23] 酉陽雜組] sagt: In der Kaiyuan 開元-Ära erlangte man Kenntnis von polychromen Papageien; sie konnten sprechen. Als der Kaiser gewöhnliche Leute kaiserliche Kleider anprobieren ließ, schaute der Vogel mit großen Augen und schrie fortwährend. Der Zivilbeamte des Ki wang-Yamens 岐府 Neng yan ging [Neng Yanjing 能延京] verfaßte einen Papageientraktat und hob diese Sache hervor. Jang Yuwei verfaßte und reichte einen Papageientraktat ein. Im Vorwort heißt es: Wenn man sich niederbeugt und schaut, läßt einem die Gnade des Himmels einen wunderbaren glückbringenden Papagei zukommen. Als dann das Gedicht des Neng yan ging herauskam, wurde er von allen Beamten angeschaut. Als ich Beamter hinschaute, hieß es im *Julergi mederi-i encu hacin-i jakai ejetun* 南海異物志: Wenn man ständig die Stimme des wonnigen Papageis hört, dann kommt ein dauernder Friede im Reiche zum Vorschein. Wenn dieses Bild der Wahrheit entspricht – Kopf rot, Brust rot, Schopf rot, Flügel grün, Kehle gefleckt wie bei einem Pirol auf dem Rücken die 5 Farben zusammengemengt, wenn dieser Vogel auch dem vom Südmeer gebrachten Papagei ähnlich ist, ist die Farbe der Federn doch ganz verschieden. Von klugem Verstand und aufgeweckter Natur ist er ein gänzlich ungewöhnlicher Vogel, der wahrhaftig im Kanon der Glückverheißung der wonnige genannt wird. Neng yan ging hat einige dieser Sachen herausgebracht und es ist kein Anlaß, sie zu verbessern.
Nachdem ich als Beamter den wonnigen Papagei besungen und als einen Traktat eingereicht habe, möchte ein heiliges glückliches Vorzeichen sichtbar werden.
Nach der Chronik der Südländer [*Nanshi* 南史] kommen die polychromen Papageien aus dem Lande Funan [扶南][24]. Nach der Beschreibung der fremden Dinge aus dem Süden [南州異物志] kommen die polychromen Papageien aus dem Dubo jeo [杜薄州, Java]. Ihre Natur ist noch klüger und aufgeweckter.

---

22 Diese Beschreibung deutet an, daß sich tatsächlich ein lebendes Exemplar im Palast befand.
23 Von Duan Chengshi 段成式 (803–863), Dichter und Schriftsteller.
24 Altes Reich etwa im heutigen Südvietnam und Myanmar.

黃鸝哥

黃鸝哥黑睛淺黃瞼上味紅下味黃黑米紅頰牙紅頂項背膊翅
粉黃色臆腹嬌牙色黃尾二翎細而不長米白足爪宋史樂志太
宗洞曉音律時有貢黃鸝鵒者親製金鸝鵒曲學山堂志餘云鸝
鵒黃者世不多見其名至宋始有文人題詠趙秉文張居正皆借
鸎羽鶡裳形容未免傷于刻畫徐渭詩云自談正殿非關學却照
金籠別有光二語差為大雅

Lutino Halsbandsittich *Psittacula krameri Lutino var.* (*Niaopu*)

suwayan yenggehe
suwayan yenggehe-i yasai faha sahaliyan. humsun gelfiyen suwayan, engge-i dergi ergingge fulgiyan, engge-i fejergi ergingge sohokon sahaliyan. śakśaha fulgiyakan suhun boco. uju suhuken fulgiyan. meifen. huru. ashai da. asha ci aname gelfiyen suwayan boco. alajan. hefeli ardashôn suhuken boco. uncehen suwayan, juwe gidacan narhôn bicibe. golmin akô. bethe ośoho śanyakan suhun boco. Sung gurun-i suduri-i kumun-i ejetun de. Taizung han kumun-i mudan de śuwe hafu bihebi. tere fonde. suwayan yengguhe be jafanjiha turgunde. beye suwayan yengguhe-i ucun be arahabi sehebi. Hiyo śan tang-ni sulaha ejetun de. yengguhe-i suwayan ningge be jalan de asuru saburakô. terei gebu be Sung gurun de isinjiha manggi teni donjiha. bithei niyalma irgebun irgebure de. Jao bing wen. Jang gioi jeng se gemu gôlin cecike-i dethe. saksaha-i funggaha be gaifi duibuleme tucibuhengge be tuwaci. dabatala śudeme gamara ci guwehekôbi. Sioi wei-i irgebuhe irgebun de. cin-i deyen de emhun guwendehengge taciha ci banjinahangge waka. aisin horin de ishunde jerkiśehengge. baibi encu hacin-i elden bi sehebi. ere juwe gisun oci. majige ambalinggô fujurungga gese sehebi.

Der gelbe Papagei

Die Augen des gelben Papageis sind schwarz, die Augenlider blaß gelb. Der Schnabel ist auf der Oberseite rot, auf der Unterseite hellgelb-schwarz. Die Wangen sind von etwas rötlich-brauner Farbe. Der Kopf ist hellbräunlich-rot. Hals, Rücken, Flügelansatz sind von den Flügeln hellgelb bis gelb. Brust und Bauch sind hellbräunlich. Der Schwanz ist gelb, die zwei Mittelfedern sind zwar schmal, aber nicht lang. Die Füße und Krallen sind weißlich-braun. Nach dem Musikkapitel der Song-Annalen 宋史 war Kaiser Taizong in der Musik gründlich gebildet. Zu jener Zeit wurde ein gelber Papagei als Tribut dargebracht und der Kaiser machte daraufhin ein eigenes Gelbes Papageien-Lied, so heißt es dort. Im *Xue shan tang zhi yu* [Hiyo śan tang-ni sulaha ejetun 學山堂志餘][25] heißt es, ein gelber Papagei sei damals kaum bekannt gewesen. Seinen Namen hatte man erst gehört, als er ins Song-Reich gebracht wurde. Gelehrte besangen ihn in einem Lied. Jao bing wen [Zhao Bingwen 趙秉文][26] und Jang gioi jeng [Zhang Juzheng 張居正][27] verglichen ihn mit den Schwungfedern des Pirols und den Federn der Elster. Wenn man ihn anschaut, so ist es ganz unverzeihlich, ihn schlecht zu machen.[28] In einem Gedicht des Sioi wei [Xu Wei 徐渭][29] heißt es: In der Haupthalle [auf dem Ehrenplatz] ist er es allein, der immer tönt. Es ist nicht so, daß er es zustandebringt, wenn er es gelernt hat. In einem goldenen Bauer blenden sie sich gegenseitig [der kostbare Käfig und die Eigenschaften des Vogels kommen sich gleich]. Er ist gewöhnlich von fremdartigem Glanz [er hat eine exotische Aura]. Wenn es zwei Wörter gibt [ihn zu charakterisieren], so sind sie so etwas wie „eindrucksvoll und vornehm".

---

25 Bislang nicht ermittelt.

26 1159–1232, Dichter der Jin-Zeit.

27 1525–1582, einflußreicher Staatsmann der Ming-Zeit; er amtierte als Oberster Großsekretär von 1572–1582. Vgl. *Dictionary of Ming biography*. New York 1976, 53–61.

28 Hier hat die chinesische Version zusätzlich noch 于刻畫 „im Druck und in Bildern".

29 1521–1593, Dichter, Kalligraph und Maler, Wegbereiter der modernen chinesischen Malerei. Vgl. *Dictionary of Ming biography*. New York 1976, 609–612.

Das Original von Jiang Tingxi

Jiang Tingxi 蔣廷錫 (1669–1732) war ein bedeutender Maler der Kangxi- und Yongzheng-Zeit. Mit *zi* hieß er Yangsun 揚孫, Nansha 南沙 mit *hao*; er stammte aus Changshu in Jiangsu. 1703 legte er das *Jinshi*-Examen ab und brachte es bis zum Großsekretär *daxueshi* 大學士. Er malte besonders Blumen und Vögel; seine Bilder zeigen Einflüsse von Yun Shouping 惲壽平 (1633–1690); er stand auch mit den Jesuiten am Hof in Kontakt, was westliche Einflüsse in seinem Malstil erklärt. Von ihm stammen u.a. ein *Baizhong mudan pu* 百種牡丹譜 (Kompendium von hundert Päonien) und ein *Chunge pu* 鶉鴿譜 (Kompendium der Wachteln und Tauben). Er war Herausgeber des *Qinding gujin tushu jicheng* 欽定古今圖書集成 (Kaiserlichen Enzyklopädie von 1726–1728), Mitherausgeber des *Da Qing huidian* 大清會典 (Statuten der Qing-Dynastie, 2. Ausgabe) sowie Mitherausgeber der *Shengzu Renhuangdi shilu* 聖祖仁皇帝實錄 (Regesten des Kaisers Shengzu renhuangdi, d.i. des Kangxi-Kaisers). Jiang Tingxis 鳥普-Alben befanden sich in der Yushu fang, *Siku quanshu* 824–825, juan 41/4b-44a. Vgl. Hummel (1943/44) 142–143 (Tu Lien-che).

Aus der ersten Folge des Katalogs der Kaiserlichen Profangemäldesammlung *Shiqu baoji* erfahren wir, daß das Vogelhandbuch des Jiang Tingxi

> „auf Seide gemalt war und je 30 Farbbilder in 12 Alben umfaßte. Der erläuternde Text war jeweils links geschrieben und signiert *von dem Untertan Jiang Tingxi ergebenst gemalt*; darauf folgen zwei Siegel Jiangs: 臣廷錫 *chen Tingxi* sowie 朝潮染翰 *chao chao ran han*. Insgesamt sind es 360 Bilder. Höhe 1 Fuß 7 Fen, Breite 1 Fuß 2 Zoll 9 Fen.“

Das Datum der Fertigstellung ist nicht überliefert, doch darf man wohl annehmen, daß diese vor 1732, seinem Todesdatum erfolgte. Greenberg (2019) präzisiert, daß das Werk nach 1721 abgeschlossen gewesen sein müßte, da S. 418 (des Niaopu) in der Beschreibung des *lao zaodiao* 老皂鵰 das Datum Kangxi 61=1721 genannt ist. Damit ist der Zeitraum auf 1721–1732 verengt.

Das Werk gilt als verschollen, nachdem es angeblich bis Ende der Dynastie im Palast aufbewahrt wurde. Die vor einigen Jahren in Frankreich aufgetauchten Blätter aus Privatbesitz deuten jedoch daraufhin, daß es bereits 1860 im Kontext der britisch-französischen Militäraktion und der Plünderung des Sommerpalastes verlorenging: der mutmaßliche Vorbesitzer starb 1868 (s.u.).
Ingesamt sind es 6 Blätter, die auf Auktionen erschienen und im Internet auch bildlich dokumentiert sind:
Trio de feuilles de l'album „Niao Pu".
http://www.portier-asianart.com/index.php?option=com_content&view=article&id=107&catid=15&Itemid=232&lang=fr
http://www.portier-asianart.com/index.php?option=com_content&view=article&id=107:trio-de-feuilles-de-l-album-niao-pu-manuel-des-oiseaux&catid=15:doc-peinture&lang=fr&itemid=126
https://magazine.interencheres.com/art-mobilier/niao-pu-le-manuel-des-oiseaux/
http://www.portier-asianart.com/index.php?option=com_content&view=article&id=107:trio-de-feuilles-de-l-album-niao-pu-manuel-des-oiseaux&catid=15&lang=fr&Itemid=126
Größe 97,5 x 56 (41 x 41) cm
Die Bilder von Jiang Tingxi stammen nach Familientradition von General Paul-Victor Jamin (1807–1868), Vizekommandeur des französischen Expeditionscorps in China. Sie verblieben im Besitz seiner Nachkommen.
Diese drei Bilder stellen Papageien dar: Chinasittich (Psittacula derbiana), Halsbandsittich (Psittacula krameri, gelbe Varietät), Erzlori (Lorius domicella).

Des weiteren wurden angeboten:
Weißhaubenkakadu (Cacatua alba):
http://www.beaussant-
lefevre.com/html/fiche.jsp?id=3789394&np=1&lng=fr&npp=20&ordre=&aff=1&r=
Molukkenkakadu (Cacatua moluccensis)
http://www.beaussant-
lefevre.com/html/fiche.jsp?id=3789395&np=13&lng=fr&npp=20&ordre=&aff=5&r=
Schätzpreis: 80000–100000 €
http://catalogue.gazette-drouot.com/ref/lot-ventes-aux-encheres.jsp?id=3789394
Weißohrhäherling (Pterorhinus chinensis) [Shanhu niao]:
http://www.beaussant-
lefevre.com/html/fiche.jsp?id=3789396&np=&lng=en&npp=10000&ordre=&aff=&r=
http://catalogue.gazette-drouot.com/ref/lot-ventes-aux-encheres.jsp?id=3789396

Lutino Halsbandsittich (Blatt von Jiang Tingxi)

Ein *Niaopu* des Yu Sheng

Im ersten Teil des *Shiqu baoji*, in Qianqing gong 乾清宮, Kap. 3, wird eine weitere Version des Werkes erwähnt: Von Yu Sheng gemaltes Vogelwerk in 12 Alben 余省畫鳥譜十二冊 Auf einem Malgrund von ungefärbter Seide in Farbe ausgeführt. Jedes Album hat 30 Bilder. Das Ende jedes Albums ist signiert: *chen Yu gong hua*, vom Untertan Yu ergebenst gemalt. Unten befinden sich die zusammenhängenden Siegel: chen Yu Sheng, gong hua. Auf der linken Seite jedes Bildes stehen in Kaishu geschriebene Erläuterungen von Wang Tubing 王圖炳[30]. Am Ende jedes Heftes heißt es: *chen Wang Tubing fengzhi jing shu* 臣王圖炳奉旨敬書 Der Untertan Wang Tubing hat den kaiserlichen Befehl empfangen und es ehrerbietig geschrieben. Höhe 1 Fuß 2 Zoll 5 Fen, Breite 1 Fuß 3 Zoll.

---

30   1668–1743, Maler und Kalligraph, *jinshi* von 1712, Kompilator der Hanlin-Akademie, 1730–1731 Vizepräsident des Ritenministeriums. Vgl. Hummel (1943/44), 823.

Das Werk ist vermutlich, was die Bilder angeht, mit dem späteren Werk von Yu Sheng und Zhang Weibang identisch. Es sollte vor 1745 abgeschlossen sein, da es im ersten Teil des *Shiqu baoji* verzeichnet ist.
Diese Version ist wohl nicht erhalten; jedenfalls ist ihr Verbleib nicht bekannt.

Hundert Vögel

Es gibt indessen noch eine weitere Sammlung von Vogelbildern, die auf Yu Sheng zurückgehen, und die unter dem Titel *Hundert Blumen- und Vogelbilder* zitiert wird. Exemplare sind aus der Kokkai toshokan (National Diet Library, Tōkyō), aus der Staatsbibliothek zu Berlin, aus der Bibliothek der Tamagawa Universität (Machida, Tōkyō) sowie aus der Spencer Library, University of Kansas bekannt geworden. Es handelt sich dabei, soweit erste Untersuchungen gehen, um eine Untermenge des *Niaopu*. Gemeinsam haben sie, daß sie in Japan kopiert oder zumindest montiert (Kansas) worden sind. Für die Feststellung, daß das Werk 1737 vollendet worden und nach Japan gegangen ist, liegt bislang kein Beleg vor. Ein Argument mag sein, daß der beteiligte Maci 1739 starb.

Hyakkachō zu 百花鳥圖

2 Exemplare in der National Diet Library:
http://dl.ndl.go.jp/info:ndljp/pid/1287070
umfaßt 第１帖 [83], 第２帖 [79], 別紙 [2]
Das Titelblatt bietet folgende Zusatzangaben:
Der linke Teil lautet: 馬齋冊額　文躰記 [wenti ji] 驗體賦 [yanti fu] 沈燮菴丙讓.
„Aufzeichnungen über den Stil. Reimprosa über den Stil. Shenxie Anbing hat sie überlassen.“ Als Urheber wird Yu Zengsan (Yu Sheng) angegeben; Zhang Tingyu und Ortai haben die Gedichte beigesteuert.
Auf dem 8. Blatt sind 馬齋, 張廷玉 und 鄂爾泰 vorgestellt mit ihren jeweiligen Amtsbezeichnungen, die hier nicht übersetzt werden, da gute Biographien vorliegen:
Maci.[31] Er hat die Titelaufschriften zu den einzelnen Alben in großen Schriftzeichen geschrieben. Er gehörte zum Mandschurischen geränderten Gelben Banner.
馬公太保兼太子大傅保和殿大學士兼戶部尚書二等伯加五級馬齊 滿州鑲黃旗人
Zhang Tingyu[32]太子太保兼少保保和殿大學士兼理戶部尚書事加三級張廷玉 江南桐城人
Ortai[33] gehörte zum Mandschurischen geränderten Blauen Banner.
太子太傅保和殿大學士兼兵部尚書一等伯加二級鄂爾泰毅菴 滿洲鑲藍旗人 舉人
Das Vorwort (文躰記 驗體賦) hat 沈燮菴丙 verfaßt. Aber wer 沈燮菴丙 war, ist unbekannt.
沈燮菴丙 [auch als Shen Xie'an 沈燮菴 zitiert] hat auch ein Vorwort beigesteuert zu *Xianminzhuan* 先民傳.
盧驥 Lu Ji [盧千里 Lu Qianli]著；原念齋 [Hara Niansai] 校
植村藤右衛門, 秋田屋太右衛門, 和泉屋庄次郎, 文政 2 [1819]
浙水友生沈燮菴丙撰の序あり [Hier wird Shenxie Anbing als Mann aus Zhejiang bezeichnet.]
Vgl. https://ci.nii.ac.jp/ncid/BA73548230
Schrift und Farben leicht abweichend.
Kolophon von Shenxie Anbing. – Hier sei noch zu Shen bemerkt, daß das Malerlexikon von Sun Tuogong, 154, einen Shen Xie, Maler und Kalligraphen aus Zhejiang mit den

---

31   (†1739) Vgl. Hummel 560–561 (Fang Chao-ying)
32   (1672–1755) Vgl. Hummel 54–56 (Fang Chao-ying)
33   (1680–1745) Vgl. Hummel 601–603 (Fang Chao-ying)

Lebensdaten ?1766–1824? verzeichnet. So erhebt sich die Vermutung ob diese beiden Namensträger vielleicht identisch sein könnten. Wie aber könnte sich die Verschiedenheit der Namen erklären? Am einfachsten wäre die Sache, wenn man Anbing als *zi* oder *hao*, also Beinamen auffassen könnte. Leider verzeichnen die vorliegenden Quellen einen solchen Beinamen nicht.

Eine erklärende Notiz (zur NDL-Titelaufnahme) bietet Isono Naohide 磯野直秀:
清の 4 代康熙帝（1654－1722) が作成を命じ、5 代雍正帝（1678－1735）の時に完成
した。余曽三が図を描き、両帝に仕えた二人の大臣、張廷玉と鄂爾泰が各品に詩を
付する。元文 2 年（1737）に日本へ持ち渡られて、珍奇な外来鳥類を知るために愛
用された。書名通りに 100 種類の鳥が細密に描かれているが、形態的特徴は正確と
は言いがたいし、色彩も実物から遠い場合が少なくない。しかし、大半は日本に産
せず、しかも清船や蘭船が持ち渡った種類が多いので、江戸時代にはそれなりに役
立ったと思われる。当館は『百花鳥図』（寄別 3-6-3-3、5 帖）も所蔵しているが、
配列は本資料とかなり異なる。図の出来栄えも本資料より劣る。
（2016.9 最終更新）
(Paraphrase: Es wurde vom Kangxi-Kaiser (1654–1722) der Qing in Auftrag gegeben und zur Zeit des Yongzheng-Kaisers (1678–1735) vollendet. Yu Zengsan fertigte die Bilder an, während zwei Großwürdenträger, die beiden Kaisern dienten, Zhang Tingyu und Ortai, Gedichte dazu verfaßten. 1737 kamen [die Bilder] nach Japan und dienten dazu, die exotischen aus dem Ausland gekommenen Vögel kennenzulernen. Dem Titel entsprechend sind 100 Vogelarten genau dargestellt, aber die Besonderheiten des Aussehens sind nicht korrekt beschrieben und die Farben sind oft weit von der Realität entfernt. Der größere Teil (abgebildeter Vögel) ist nicht in Japan heimisch, viele davon wurden auf chinesischen und holländischen Schiffen eingeführt. Die Darstellungen scheinen für (die an Vögeln Interessierten der) Edo-Zeit informativ gewesen zu sein. Dieses Haus [die NDL] besitzt auch *Hyakkachō-zu* (5 Alben), aber die Anordnung ist ganz anders. Diese Bilder sind schlechter ausgeführt als die vorher genannten. [Letzte Aktualisierung 2016.9])[34]
http://dl.ndl.go.jp/info:ndljp/pid/1287066?tocOpened=1 enthält:
宮 [40] 商 [35] 角 [35] 徵 [37] 羽 [35]
宮 [40] 9 Papageien: Psittacus erithacus (Graupapagei), Psittacula krameri, gelbe Var. (Halsbandsittich, Lutino Mutation), Eclectus roratus (Edelpapagei)(Männchen), Cacatua sulphurea citrinocristata (Orangenhaubenkakadu), Lorius garrulus (Prachtlori), Psittacula eupatria (Alexandersittich), Cacatua moluccensis (Molukkenkakadu), Psittacula derbiana (Chinasittich), Eclectus roratus (Edelpapagei) (Weibchen)
角 [35] 1 Papagei: Trichoglossus haematodus capistratus (Edward-Allfarblori)
徵 [37] 1 Papagei: Loriculus galgulus (Blaukronenpapageichen)

---

34   Ich danke meiner Kollegin, Frau Dr. Setsuko Kuwabara, für die freundliche Durchsicht.

Titelblatt zu den *Hundert Vögeln*, Anfang des 19. Jh. (?)

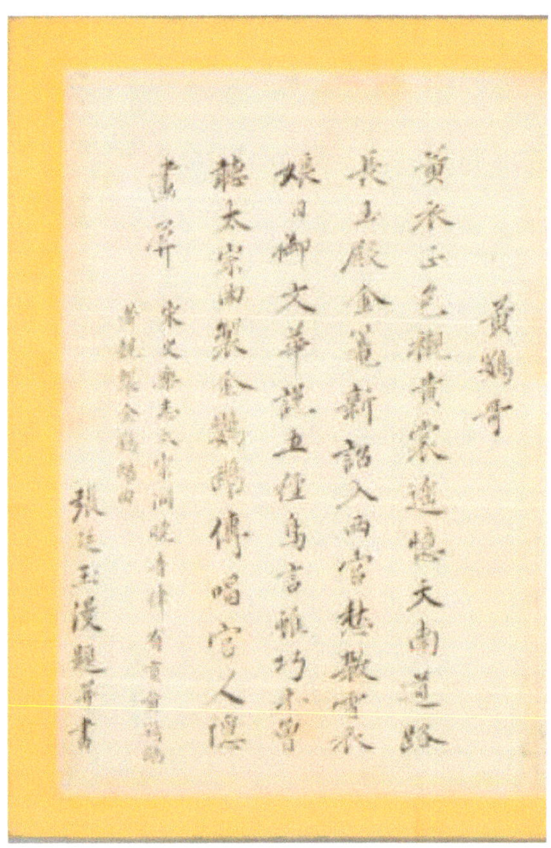

Lutino Halsbandsittich (aus *Hundert Vögel*, Tōkyō)

Staatsbibliothek zu Berlin SBB, Libri jap. 440

[Fingierter Titel] オランダ持ち渡り鳥類図帖（仮題）3巻 Oranda mochiwatari chōrui zuchō Faltbücher: Von den Holländern herübergebrachte Vögel.
Yu Sheng 余省 zugeschriebene Vogelbilder, sämtlich im Niaopu enthalten.
Ohne Text oder Beschriftung. 49 Blatt.
Die Farben sind schwächer als bei dem Exemplar in Kansas, das Ganze weniger sorgfältig ausgeführt.
Besitzstempel: Katsuragawa-ke [桂川家]
https://digital.staatsbibliothek-berlin.de/werkansicht?PPN=PPN3308102560&
PHYSID=PHYS_0077&DMDID=DMDLOG_0003
Folgende Blätter in diesem Werk entsprechen detailgenau den Bildnummern im *Niaopu* von 1761, nur die Zweige stammen von anderen Baumarten:

japanisches Album	Qianlongs Album	Name
4	15	Lorius garrulus
5	7	Psittacula eupatria
13	2	Psittacula derbiana
50	20	Trichoglossus haematodus capistratus
71	18	Psittacula krameri (gelbe Varietät)
81	4	Eclectus roratus (Männchen)
83	17	Eclectus roratus (Weibchen)
85	19	Psittacus erithacus
93	11	Cacatua sulphurea citrinocristata
108	8	Cacatua moluccensis
55	25	Loriculus galgulus

[Vögel in anderer Position kopiert]

Das Buch war anscheinend im Besitz der Katsugawara Familie, die sieben Generationen lang die Leibärzte des Shōguns stellten; sie waren *rangaku*-Gelehrte („Holland-Wissenschaftler") und Bekannte von Carl Peter Thunberg, Philipp Franz von Siebold und Heinrich Bürger.
Zu Katsuragawa Hoshu 桂川甫周 (1751–1809), 4te Generation[35]

Hyaku chō zu 百鳥圖

http://www.tamagawa.ac.jp/museum/archive/2016/288.html
Die Tamagawa Universität 玉川大學 in Machida, Tōkyō besitzt eine Rolle der 100 Vögel. 53 x 796 cm (5 *maki* mit einem angehängten Heft) datiert 1807. Sie stammt vom Naturforscher und Zoologen Kurimoto Tanshū 栗本丹洲 (auch Kurimoto Masayoshi 昌臧, 1756–1834). Kurimoto war auch als Maler geschätzt. So stammt von ihm ein dreibändiges Werk *Senchūfu* 千蟲譜.[36]
Die Originalbilder wurden angeblich vom Kangxi-Kaiser in Auftrag gegeben und bis 1737 fertiggestellt. Mit den Gedichten von Zhang Tingyu und Ortai.

---

35 Vgl. https://en.wikipedia.org/wiki/Katsuragawa_Hosh%C5%AB
 Vgl. außerdem: *Katsuragawa no hitobito.* (The Katsuragawa Family), by Imaizumi Genkichi and Shinozaki Shorin; *Nagori no yume-ra'i Katsuragawa-ke ni umarete.* (My Childhood in the Ran'i Katsuragawa Family), by Imaizumi Mine. Bespr. von Shun'ichi Takayanagi. *Monumenta Nipponica,* 26.1971, 232–235.
 https://www.jstor.org/stable/2383621?seq=1#page_scan_tab_contents
 Ein Nachlass der Katsuragawa Familie befindet sich in der Waseda Universität.
 http://www.wul.waseda.ac.jp/kotenseki/html/bunko08/bunko08_j0178/index.html
36 Kurimoto zeichnete u.a. 31 Crustaceen; Philipp Franz von Siebold nahm sie in seine *Flora japonica* auf.

Kansas

Die Spencer Library der University of Kansas in Lawrence besitzt 3 Rollen von Vogelbildern von Yu Sheng, die offenbar ursprünglich Albumblätter waren, aber in Japan in Rollenform montiert wurden. Sie wurden erstmals von Richard C. Rudolph (1961) beschrieben. Jedes Bild ist 12 Zoll hoch, und die Rollen sind alle 17 Zoll breit. Die erste Rolle (heute im Katalog als Rolle 3 bezeichnet) ist 25 Fuß lang und enthält neben dem fabelhaften Phönix zehn Psittaciformes. Eine weitere Rolle (Nr. 2 bei Rudolph) ist 22 Fuß lang und enthält Bilder von 14 Vögeln: Pfau, Adler, Fasan, Specht, Truthahn, Kranich, kahlköpfiger Kranich, weißer Kranich, Fischadler u.a. Die dritte Rolle (Nr. 3 bei Rudolph; 27 Fuß lang) bietet ebenfalls 14 Vögel sowie ein Kolophon: Dommel, Fink, Maina, Kernbeißer, Eisvogel, Würger, usw.

Die dritte Rolle in Lawrence zeigt neben dem Phönix im Wesentlichen Papageien (Seiten-zahlen/Bildnummern von Band 2 des *Gugong niaopu*) (# zeigt die Position auf der Rolle an):
52 (18) Kleiner Alexandersittich oder Halsbandsittich, gelbe Var. 黃鸚哥 (Psittacula krameri, gelbe Var.) = # 1
24 (4) Edelpapagei 洋綠鸚鵡 (Eclectus roratus, Männchen) = #2
32 (8) Molukkenkakadu 牙色頂大白花鸚鵡 (Cacatua moluccensis) = #3
20 (2) Chinasittich 南綠營歌 (Psittacula derbiana) = #4
50 (17) Edelpapagei 蓮青鸚鵡 (Eclectus roratus, Weibchen) = # 5
54 (19) Graupapagei 灰色洋鸚哥 (Psittacus erithacus) = # 6
46 (15) Prachtlori 綠翅紅鸚哥 (Lorius garrulus) = # 7
30 (7) Alexandersittich 柳綠鸚哥 (Psittacula eupatria) = #8
38 (11) Orangenhaubenkakadu 牙色頂小白花鸚鵡 (Cacatua sulphurea citrinocristata) = #9
56 (20) Edward-Allfarblori 黃丁香鳥 (Trichoglossus haematodus capistratus) = #10
Phönix (entspricht *Niaopu* I, 1)

Eine erste Beschreibung wurde von Richard C. Rudolph (1961) unternommen. Er hat auch eine erste Übersetzung des Kolophons geliefert.
Die beigefügten Gedichte stammen von Ortai 鄂爾泰 und Zhang Tingyu 張廷玉.

Kolophon (nach Rudolph):
Seit den ältesten Zeiten konnten unsere erleuchteten Herrscher seltene und wunderbare Dinge erwerben, und das besonders so in der Zeit unseres verstorbenen Wohlwollenden Kaisers [Kangxi, 1662–1722]. Sein Wohlwollen wurde allen lebenden Wesen zuteil und erreichte sogar die Vögel in der Luft, die also gedeihen und die volle Pracht ihrer Federkleider in den brillantesten Farben zeigen konnten.
Der Kaiser lud die fähigsten Künstler des ganzen Landes ein, in die Hauptstadt zu kommen und an seinem Hofe zu malen. Sie erhielten die besten Farben und Pinsel, sodaß Ihre Striche fein und genau und die Farben frisch und glänzend waren.
Unter diesen Künstlern erwies sich der Großsekretär Jiang Tingxi (1669–1732) als einer der größten Maler seiner Zeit. Sein Schüler Yu Sheng war ständig bei ihm und eignete sich soviel Geschick seines Meisters an, daß seine Gemälde von Vögeln und Blumen zur ersten Klasse gerechnet wurden. Da waren auch die beiden hohen Beamten Zhang und Ortai, die stets großzügig waren, andere zu loben. Sie waren sehr begeistert als sie die farbige Bildrolle mit Vögeln ausrollten und prüften. Sie fanden sie so sehr nach ihrem Geschmack, daß sie klare und vollständige Beschreibungen jedes Vogels in verschiedenen Kalligraphiestilen schrieben. Der Titel zu dem Gemälde [d.h. der Rolle] wurde in großen Schriftzeichen und in ganz

hervorragender Kalligraphie vom Premierminister Ma geschrieben. Nie hat es so eine Schrift gegeben seit der Zeit des großen Kalligraphen Wang Xizhi (321–379).

Dieses Gemälde ist ein Schatz unseres Zeitalters, desgleichen man selten erwerben kann. Wenn man es genießen will, sollte man zuerst vier Taels Weihrauch verbrennen, seine Kleidung in Ordnung bringen und dann in formaler Haltung sitzen und es studieren.

Geschrieben von dem Schüler Shenxie Anbing.

Lutino Halsbandsittich (Kansas)

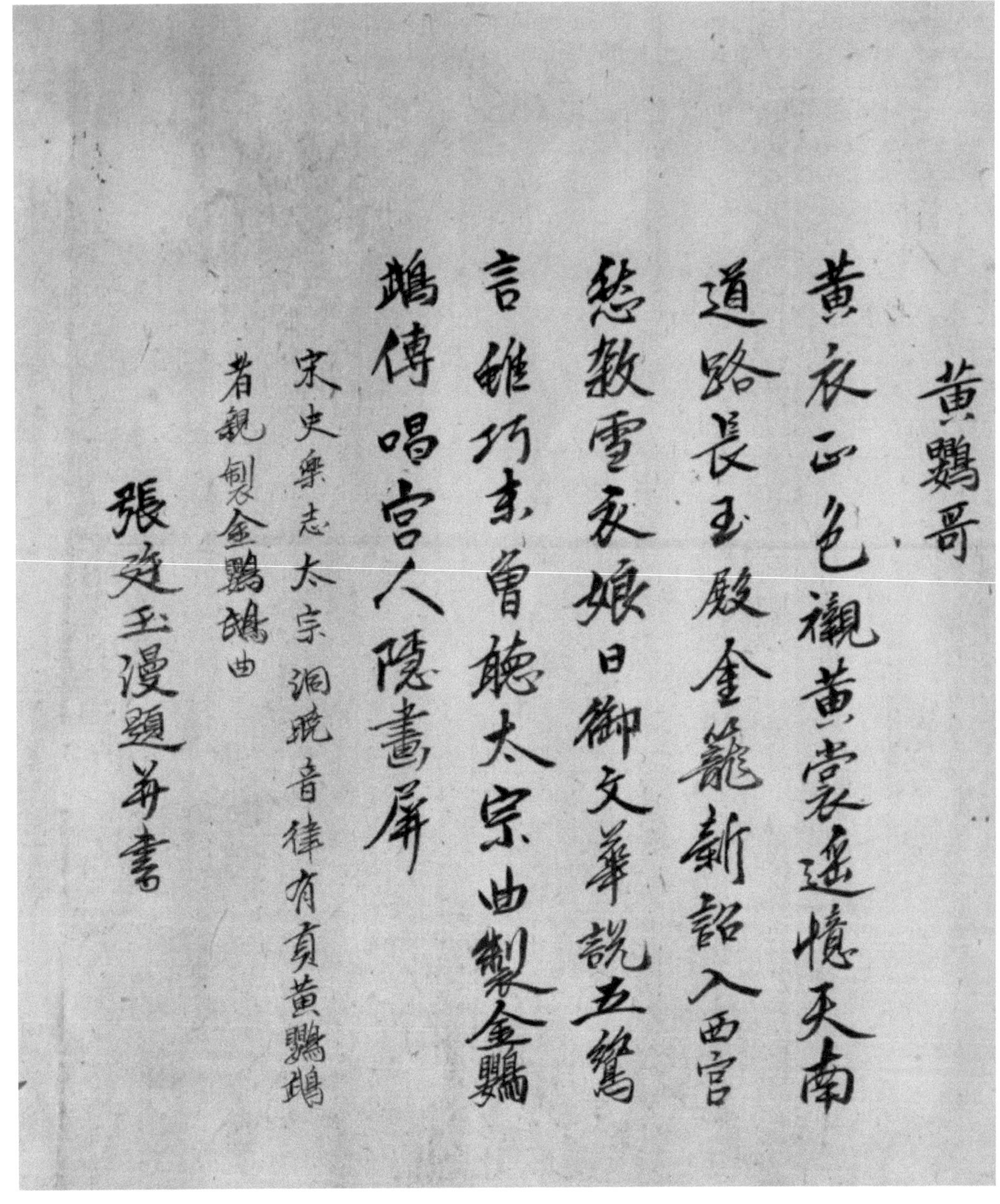

Das Gedicht zum Lutino Halsbandsittich von Zhang Tingyu (Kansas)

Vergleichen wir Bilder und Texte der beschriebenen Fassungen, so ergibt sich folgendes Resultat:

	Scharlachara	Lutino Halsbandsittich
Niaopu	x	x
Jiang Tingxi	-	x textidentisch mit *Niaopu*
Yus *Niaopu*	nicht bekannt	Text von Wang Tubing
Hundert Vögel		
NDL = Kokkai	-	x Texte von Zhang Tingyu, Ortai

Staatsbibliothek	-	x ohne Text, 49 Bl.
Tamagawa	-	x Texte von Zhang und Ortai, Rolle
Kansas	-	x Texte von Zhang und Ortai, 39 Bilder

Warum wurden gerade die beiden Papageienarten ausgewählt? Der Scharlachara war der Anlaß zu dieser Untersuchung; aber da die verschiedenen weiteren Versionen nicht als kompletter Satz von 360 Abbildungen vorliegen, war ein Papagei zu Vergleichszwecken erwünscht, der in sämtlichen Fassungen vorliegt. Der Lutino Halsbandsittich erfüllt dieses Kriterium.

Der Scharlachara ist also nur im *Niaopu* erhalten. Wie läßt sich das Fehlen in den anderen Fassungen erklären?

Von Jiang Tingxis *Niaopu* sind nur 6 Blätter bekannt geworden, also ein sehr kleiner Teil des Originals. Das allein ist schon ein gültiges Argument.

Die *100 Vögel* haben sich zwar als Untermenge des *Niaopu* erwiesen, geben aber auch weniger als ein Drittel des Originals wieder, wobei wir die Auswahlkriterien nicht kennen. So gilt auch hier dasselbe Argument. Da lediglich Yu Sheng als Maler genannt wird, kann man wohl annehmen, daß die Vorlage Yus *Niaopu* war, mit den Beischriften von Wang Tubing. Allerdings haben drei der bekannten Exemplare die Gedichte von Zhang und Ortai!

Es ist zu hoffen, daß sich weitere Details über die *Hundert Vögel* auffinden lassen. Lag wirklich ein kaiserlicher Auftrag dafür vor? Warum gingen sie nach Japan? Als offizielles Geschenk? Als Handelsobjekt? Gegen letztere Möglichkeit spricht die Tatsache, daß zwei hervorragende Hofbeamte Gedichte für die Bilder lieferten. Man gewinnt den Eindruck, daß ein Exemplar des Werkes nach Japan gelangte und dort wiederum kopiert wurde, wodurch sich die unterschiedliche malerische Qualität der dortigen Exemplare erklären ließe. Auch sind zumindest zwei der fünf bekannt gewordenen Stücke unvollständig, eines gar ohne Text und schwach in den Farben.

Die Darstellung wie auch der Text sind im Falle des Halsbandsittichs identisch; natürlich fehlt bei Jiang Tingxi der Mandschutext. Es wäre interessant den Text von Wang Tubing zu Yu Shengs *Niaopu* kennenzulernen; allerdings ist dieses Werk bislang nicht aufgefunden. Der Sittich ist in allen 5 Exemplaren der *Hundert Vögel* präsent, allerdings in unterschiedlicher Qualität und mit kleinen Abweichungen vom Vorbild des *Niaopu*; meist handelt es sich um den botanischen Teil des Bildes – es erscheinen unterschiedliche Äste und Blüten, während die Vogeldarstellung selbst dem *Niaopu* folgt.

Die Papageien im *Niaopu*

Eine Durchsicht von Album 2 des *Niaopu* ergab 23 Abbildungen von Papageien samt Beschreibungen. Da nicht nur der Scharlachara, sondern auch andere Papageien falsch oder gar nicht identifiziert waren (*Niaopu*, 1997; Yanagisawa, 2004), wurde vorerst, soweit möglich, eine Bestimmung der Papageien unternommen. Dazu wurden die wichtigsten Werke über Papageien konsultiert sowie Dr. Sylke Frahnert und Pascal Eckhoff, Kuratorin bzw. Sammlungspfleger der Ornithologischen Sammlung des Museums für Naturkunde in Berlin. Lt. Museumsbeschreibung ist diese Vogelsammlung mit ca. 200.000 Objekten die größte ihrer Art in Deutschland und kann aufgrund ihres Artenreichtums, etwa 5000 Typenexemplaren, Objekten bedeutender Sammler sowie vieler einzigartiger historischer Belegexemplare zu den bedeutendsten Vogelsammlungen weltweit gezählt werden. Aufgrund der hervorragenden, lebenstreuen Qualität der Abbildungen im kaiserlichen Vogelalbum konnten fast alle Papageienarten bestimmt werden.

Zusammenfassend konnten 21 Arten festgestellt werden. Der Edelpapagei (*Eclectus roratus*) wurde zweimal abgebildet (Nr. 4 und 17). Er weist von allen Papageienarten den am stärksten ausgeprägten Geschlechtsdimorphismus auf. Deshalb wurden Männchen und Weibchen zur damaligen Zeit als zwei verschiedene Arten angesehen. Der Halsbandsittich (*Psittacula krameri*) wurde ebenfalls zweimal abgebildet (Nr. 1 und 18), einmal als die Nominatform (Nr.1) und das andere Mal als gelbe (Lutino) Farbmutation. Das Phänomen der Mutation war damals ebenfalls unbekannt, sodass die Mutationen als eigene Arten betrachtet wurden. Insbesondere der Halsbandsittich (*Psittacula krameri*) kommt häufig in natürlichen und inzwischen gezüchteten (ab 1930) Farbmutationen (u.a. gelb, blau, weiss und gescheckt) vor.

Liste der Papageien im Vogelbuch (Niaopu 鳥譜), Band 2 (1997)

chinesischer Name gemäss fortlaufender Numerierung in Band 2	wissenschaftlicher Name Palastmuseum Taipei (1997)	berichtigter wissenschaftlicher Name (2018) (Frahnert, Eckhoff, König)	deutscher Name
1. 西綠鸚哥	Psittacula krameri (f)	Psittacula krameri (f)	Halsbandsittich (1)
2. 南綠鸚哥	Psittacula himalayana (m)	Psittacula derbiana	Chinasittich
3. 黑嘴綠鸚哥	Adonorhynchus hyacinthinus	Psittacula eques (f)	Mauritiussittich (2)
4. 洋綠鸚鵡	Forpus xanthopterygius (m)	Eclectus roratus (m)	Edelpapagei (m)
5. 洋綠鸚哥	Forpus xanthopterygius (f)	n.b.	n.b. (3)
6. 紅頰綠鸚哥	Psittacula longicauda (m)	Psittacula longicauda	Langschwanzsittich

7. 柳綠鸚哥	Psittacula eupatria (m)	Psittacula eupatria	Alexandersittich
8. 牙色裏毛大白鸚鵡	Cacatua sulphurea (m)	Cacatua moluccensis	Molukkenkakadu
9. 葵黃裏毛大白鸚鵡	Cacatua sulphurea (f)	Cacatua alba	Weißhaubenkakadu
10. 葵黃頂花小白鸚鵡	Cacatua sulphurea (m)	Cacatua sulphurea	Gelbwangenkakadu
11. 牙色頂花小白鸚鵡	Cacatua sulphurea	Cacatua sulphurea citrinocrestata	Orangehaubenkakadu
12. 鳳凰鸚鵡	Ara chloroptera	Ara macao	Scharlachara
13. 金頭鸚鵡	Amazona ochrocephala	Amazona oratrix	Gelbkopfamazone
14. 青頭紅鸚哥	Domicella domicella	Lorius domicella	Erzlori
15. 綠翅紅鸚哥	Aprosmictus scapularis	Lorius garrulus	Prachtlori
16. 翠尾紅鸚哥		Alisterus amboinensis	Amboinasittich
17. 蓮青鸚鵡		Eclectus roratus (f)	Edelpapagei
18. 黃鸚哥		Psittacula krameri (Lutino mutation)	Lutino Halsbandsittich
19. 灰色洋鸚哥	Psittacus erithacus	Psittacus erithacus	Graupapagei
20. 黃丁香鳥	Agapornis personata	Trichoglossus haematodus capistratus	Edward-Allfarblori
21. 綠丁香鳥	Agapornis ssp.	Trichoglossus flavoviridis meyeri	Sulawesilori
24. 倒掛鳥	Loriculus vernalis	Loriculus vernalis	Frühlingspapageichen

25. 黑嘴倒掛	Loriculus ssp.	Loriculus galgulus	Blaukronenpapageichen

f = Weibchen, m = Männchen, n.b. = konnte nicht bestimmt werden.

Anmerkungen zur Tabelle:
Die deutschen Namen folgen der neuen Liste der Deutschen Ornithologen-Gesellschaft für die derzeit beschriebenen Vogelarten der Erde (Barthel et al., 2020). Für die zwei Unterarten (Nr. 20 und 21 in der Tabelle) wurden die gebräuchlichsten Namen gewählt.
(1) konnte nicht mit letzter Sicherheit bestimmt werden, da männliche oder weibliche Merkmale z.T. widersprüchlich sind.
(2) die Art konnte nicht eindeutig bestimmt werden wegen widersprüchlicher Merkmale, es handelt sich aber um eine Psittacula Art, womöglich um *Psittacula eques* (f) aus Mauritius.
(3) Das Bild entspricht keiner bekannten Papageienart. Der Papagei könnte aber zur Amazona Gattung gehören, z.B. *Amazona farinosa* (Mülleramazone). Es könnte sich auch um *Brotogeris chrysoptera* (Braunkinnsittich) handeln, ebenso aus Südamerika.

Von den 21 Papageienarten werden heutzutage nur noch 3 Arten (Nr. 1/18, 2, 24) in China, und zwar in abgelegenen Regionen im Südwesten gefunden (Cheng 1994); alle stehen unter Naturschutz. Neuere Untersuchungen (MacKinnon und Phillips, 2000) nennen dieselben Arten, auch alle sehr selten, wobei *Psittacula krameri* jedoch für eine über Hongkong eingeführte Art gehalten wird. Von den restlichen Papageien stammen die meisten aus Süd- und Südostasien, davon 3 (Nr. 6, 7, 25) westlich der sogenannten Wallace-Linie[37], und 10 östlich davon (Nr. 4/17, 8, 9, 10, 11, 14, 15, 16, 20, 21). Zu den „Exoten" können die Papageien ausserhalb Asiens gerechnet werden, nämlich je einer aus Mauritius (Nr. 3) und Afrika (Nr. 19) sowie 3 (Nr. 5, 12, 13) aus Süd- bzw. Mittelamerika. Beim Mauritiuspapagei könnte es sich jedoch auch um eine Form des Halsbandsittichs vom asiatischen Festland handeln.

1. Der rote Papagei 鳳凰鸚鵡, Phönixpapagei, Scharlachara (Ara macao)

Der Phönixpapagei 鳳凰鸚鵡 zeichnet sich durch die längste Beschreibung unter allen Papageien im Niaopu 鳥譜 aus, was wie auch der Name selbst seinen hervorragenden Status symbolisiert. Die physische Beschreibung ist sehr detailgetreu, der Rest aber eine Mischung aus Phantasie und alten Berichten über früher in China gepriesene Papageien unbekannter Art. Die Herkunft des Phönixpapageis wird auf Länder im Südmeer zurückgeführt. Sein Bild beweist jedoch eindeutig, dass der Phönixpapagei mit dem *Ara macao* identisch ist, dem Scharlachara aus Südamerika. Dieser wiederum galt schon kurz nach Kolumbus' Entdeckungsfahrten 1492 als Symbol für den amerikanischen Kontinent wie aus der Cantino-Weltkarte von 1502 ersichtlich. Darin stehen schön gemalte Scharlacharas (*Ara macao*) für Amerika, während Graupapageien (*Psittacula erithacus*, Nr. 19 im *Niaopu*) den afrikanischen Kontinent repräsentieren. Brasilien wurde sogar eine Zeitlang „Terra dos Papagaios" genannt, weil die ersten portugiesischen Seefahrer unter Cabral (ca. 1467 oder 1468– ca. 1520), die 1500 die brasilianische Küste erreichten, von den Indianern Papageien als Tauschgeschenke erhalten hatten. In Folge erfreuten sich die vielfarbigen Papageien aus Südamerika einer ungeheuren Beliebtheit an den Höfen Europas und wurden teuer gehandelt, denn bis dahin kannte man nur den grünen Halsbandsittich.

---

37   Die Wallace-Linie ist eine wichtige biogeographische Grenze zwischen südostasiatischer und australischer Fauna, die zwischen Borneo und Celebes verläuft. Sie wurde nach ihrem Entdecker, dem britischen Naturforscher Alfred Russel Wallace (1832–1913) benannt.

Lissabon entwickelte sich schnell zu einem Handelsplatz für Papageien, die portugiesische Flotten aus ihren neuen Besitzungen in Amerika, Afrika und später aus Indien brachten. Der Augsburger Kaufmann Lukas Rem (1481–1541), der von 1503–1508 für die Welser Faktorei in Lissabon tätig war, schrieb in seinem Tagebuch: „Die ersten drey Jahr, zuo Lisbona, hab ich vil um fremd niu papagey, katzen, ander seltzam lustig ding, ... verkramt und verschenkt" (Greiff, 1861). König Manuel I., genannt „Der Glückliche" (1469–1521, regierte 1495–1521), nutzte seine Sonderstellung als Herrscher eines überseeischen Kolonialreiches und schenkte dem Papst und anderen verbündeten Höfen hochbegehrte Papageien und andere exotische Tiere für diplomatische Goodwill-Zwecke. So entstanden auch die ersten gemalten Bilder von südamerikanischen Papageien im Vatikan unter Papst Leo X. (1475–1521, regierte 1513–1521), geboren als Giovanni di Lorenzo de' Medici, und am Hofe seines Neffen Cosimo I. de' Medici (1519–1574, regierte 1537–1574), Herzog und ab 1569 Grossherzog von Toskana, in Florenz. In Rom waren es die bekannten Maler Nicolò dell'Abate (1509 oder 1512–1571) und Giovanni da Udine (1487–1564), die exotische Papageien in den Fresken der neuerrichteten Loggia im Vatikan darstellten. Unter Cosimo I. und seinen Vorgängern wurden berühmte Künstler wie Piero di Cosimo (1462–1522), Andrea del Sarto (1486–1530), Giorgio Vasari (1511–1574), Jacopo Ligozzi (1547–1627) u.a. verpflichtet, um die exotischen Tiere und Vögel seiner Menagerie auf Bilder und Fresken in seiner Residenz zu malen, zu seinem höheren Ruhm und Prestige (Masseti, 2018).

Zunehmend spielten auch die Häfen in Sevilla (Spanien), Antwerpen (spanische Niederlande) und etwas später Amsterdam (spanische Niederlande, ab 1581 unabhängige Generalstaaten) eine wichtige Rolle im Handel von Papageien. Hochrangige Adelige oder reiche Kaufleute wie die Fugger und Welser unterhielten eigene Agenten in den Häfen, um über die Ankunft der neuesten exotischen Vögel und anderer Tiere zu erfahren. Jordan Gschwend (2018) schildert beispielhaft die Rolle, die Hans Khevenhüller, kaiserlicher Gesandter in Spanien von 1574 bis 1606, als Agent der Habsburger Kaiser Maximilian II und Rudolf II, sowie des Erzherzogs Ferdinand II von Tirol im Erwerb von Papageien und anderen exotischen Tieren für ihre Menagerien, Gärten und Kunstkammern einnahm. Nach etwa 1600 kamen in Amsterdam vermehrt Papageien aus dem heutigen Indonesien, das von der 1602 gegründeten Niederländischen Ostindien-Kompanie (VOC) beherrscht wurde, auf den Markt. Die Niederlande traten in das Goldene Zeitalter. Nun wurden Papageien oft in Stilleben porträtiert, wobei der Scharlachara wegen seiner Farbenpracht häufig bevorzugt gemalt wurde. Bedeutende, meist niederländische Maler dieses Genres mit Scharlacharas werden hier beispielhaft angeführt: Ambrosius Bosschaert the Elder (1573–1621), Peter Paul Rubens (1577–1640), Jan Baptist van Fornenburgh (ca. 1590–1648), Balthasar van der Ast (1593/4–1647), Roelandt Savery (1576 oder 1578–1639), Adriaen van Utrecht (1599–1652), Jan Davidszon De Heem (1606–1683/84), Pier Francesco Cittadini (1616–1681), Willem Gabron (1619–1678), Joris van Son (1623–1667), Jan van Kessel (I) (1626–1679), Melchior d'Hondecoeter (1636–1695), David de Coninck (1644–1701), Franz Werner Tamm (1658–1724), Jakob Bogdáni (1658–1724) Tobias Stranover (1684– nach 1724) und Dutzende andere. Daneben gab es Scharlacharas in Portraits von hochgestellten Personen, Bildern von der Erschaffung der Welt, der Arche Noah, des Paradieses, von Vogelkonzerten, Menagerien, und zwar alles vor der Zeit des *Niaopu* 鳥譜.

Zurück zu spezifischen Berichten über Papageien, wissenschaftliche Vogelbücher und Vogelillustrationen. Der Schweizer Leonard Thurneysser (1531–1596), der um 1555 Portugal bereiste, berichtete von mindestens sieben Papageienarten, die er dort sah (Herold et al., 2019). Um diese Zeit hatte der Schweizer Gelehrte Conrad Gessner (1516–1565) gerade *De avium natura* fertiggestellt, das erste systematische Vogelbuch. Es enthielt eine der ersten Darstellungen des Scharlachara in Europa im Druck. Das farbige Bild wurde Gessner zugesandt. Es gehört jetzt zur Sammlung Felix Platter (1536–1614), einem Schweizer Sammler von Tierbildern und Professor der Medizin, die in der Universität Basel aufbewahrt ist. Gessner verfasste einen fast 5 Seiten langen Beitrag über die Papageien, worin er zur Abbildung des brasilianischen Papageis folgendes schrieb:

„Aliud genus Psittaci parte supina rubet, alis superius in flavo viridibus, cetero coeruleis, cauda partim rubra partim coerulea, ut pictura ad nos missa indicat, in qua pars prona non apparet, caput etiam cum collo undiq[ue]; rubet, nisi quod color candidus circa oculos est. Nos cum a praecipuis coloribus ERYTHROCYANUM cognominabimus."

In einer alten deutschen Übersetzung von Gessners Vogelbuch durch Georg Horst(ius) (1669) liest sich das so:

„Ein ander Papagayen-Geschlecht / so auf dem Rücken roth / oben auff den Flügeln gelbgrün / am übrigen Theil aber derselbigen blau ist / der Schwantz ist theils roth / theils blau; der Kopff ist auch / sampt dem Halß allenthalben roth / allein daß er weiß umb die Augen ist. Ein solcher ist D. Geßnern zugeschicket worden / der ihn von seinen vornehmsten Farben *Erythrocyanum* genennet hat." (S. 85)

Springer und Kinzelbach (2009) halten den Papagei für einen Grünflügelara (Ara chloropterus), bei Aldrovandi ist aber die Abbildung mit dem Namen *Psittacus erythrocyanus* deutlich als Scharlachara erkennbar.

Scharlachara *(Ara macao)*
links: Gesners *Historiae animalium* Liber III (1555), Seite 690.
rechts: Vorlagezeichnung für Conrad Gesners *Historiae animalium* Liber III, aus der Sammlung Felix Platter, Basel.

Nach Gessner erschienen weitere systematische Vogelbücher mit meist farbigen Illustrationen nach 1700. Die bekanntesten bis zur Zeit Qianlongs sind Aldrovandi (1603), Piso und Marcgrave (1648), Jonston (1650), Willoughby (1676), Albin (1731–1738), Edwards (1743–51), Edwards (1758–1764), Brisson (1760), Manetti, Lorenzi und Vanni (1767–1773) sowie Buffon (1770–1783) mit bis zu 9 Bänden und bis zu 1000 Illustrationen.

Im Zuge der niederländischen Expansion wurde von der 1621 gegründeten Niederländischen Westindien-Kompagnie von 1630 bis 1654 Nordostbrasilien, genannt Niederländisch-Brasilien, besetzt. Von 1636–1643 war Johann Moritz, Fürst von Nassau-Siegen (1604–1679), General-

Gouverneur für die Besitzungen der Handelskompanie in Niederländisch-Brasilien. Er veranlasste eine naturkundliche Erforschung der Kolonie mit zwei Malern, einem Arzt und einem Naturforscher, wobei zum ersten Mal die Vogelwelt systematisch erforscht wurde. Zahlreiche Abbildungen von Vögeln sind in den *Libri principis* (ca. 1640–1650) des Johann Moritz von Nassau festgehalten. Der Maler Albert Eckhout (ca. 1607–1665), der Johann Moritz nach Brasilien begleitet hatte, malte von 1653 bis 1659 im Festsaal des kurfürstlich-sächsischen Berg- und Lusthauses Hoflößnitz in Radebeul, Sachsen, 80 Ölgemälde mit hauptsächlich brasilianischen Vögeln auf die Decke, ein ausserordentliches Kulturdenkmal (Texeira, 2009). Hier soll beispielhaft sein farbiger Scharlachara vorgestellt werden.

Scharlachara von Albert Eckhout (ca. 1607–1665), ca. 1653–1659.
Texeira (2009)

Die erste Erwähnung eines südamerikanischen Papageis in China findet sich 1623 in Giulio Alenis S.J. *Zhifang waiji* 職方外紀, der ersten Weltgeographie in Chinesisch, wo es im Kapitel über Südamerika, Abschnitt Peru lapidar heisst: „Es gibt auffallend viele Schwäne und Papageien" 天鵝鸚鵡尤多. Obwohl der Scharlachara in Europa bis 1700 schon in Wort und Bild weit verbreitet war, ist in China kein Bild von ihm bekannt geworden, weder ein europäisches noch ein chinesisches. Die in der Pekinger Jesuitenbibliothek vorhandenen Bücher von Clusius (1605), Aldrovandi (1645–46) und Piso (1658) enthielten nur kleine, ungenaue Drucke des Scharlacharas, die nicht als Vorlage für das *Niaopu* dienen konnten. Bei den vorhandenen Werken von Gessner (1587, 1604) fehlen die Vogel-Bände und bei Jonston (1657) fehlen 27 Vogelabbildungen (Verhaeren 1949). (Wurden diese vielleicht im Zusammenhang mit dem Malen der Vogelbilder herausgenommen?). Die Abbildung im *Niaopu* 鳥譜 bleibt daher die einzige mir (AK) bekannte bis weit ins 19. Jahrhundert hinein, auch in den *Hundert Vögeln* des Yu Sheng von vor 1737 kommt er nicht vor. Es ist jedoch ziemlich sicher, dass ein Bild des Scharlachara um 1734 nach China gelangte, um im Auftrag der Niederländischen Ostindien-Kompanie (VOC) China Export famille rose Vasen mit Scharlachpapageimotiven herzustellen. Leider sind die Originalzeichnungen, die dem Studio des niederländischen Zeichners, Malers und Porzellandesigners Cornelis Pronk (1691–1759) zugeschrieben werden, verloren gegangen, sowohl in China als auch in den Niederlanden. Die Produktion in China wurde 1740 aus Kostengründen eingestellt (https://en.wikipedia.org/wiki/Cornelis_Pronk). Den noch vorhandenen Vasen begegnet man meist auf Auktionen, allerdings lässt die zeichnerische und Farbqualität des Scharlacharas zu wünschen übrig. Le Corbeiller (1972) zeigte, dass auch Vogelillustrationen von anderen Malern wie Francis Barlow (c. 1626–1704) auf chinesischem Export Porzellan aufgrund von Kompanie- oder individuellen Aufträgen kopiert wurden. Von dieser Seite gelangten also auch Bilder oder Drucke von exotischen Vögeln nach China, die aber zur Gänze verloren gegangen sind. Als der französische Botaniker und Agronom Pierre Poivre (1719–1786) 1750/51 Guangzhou besuchte, erwarb er zwar einige seltene Vögel, erwähnte aber Papageien nicht (Stresemann, 1952).

Eine schöne Abbildung eines Scharlachara aus Macau wird in der John Reeves Collection of Zoological Drawings from Canton, China, ca. 1829–1831, im Museum for Natural History in London als Taf. 25 aufbewahrt (Magee, 2011). John Reeves (1774–1856) war von 1812 bis 1831 Chefinspektor der East India Company für Tee in Canton und liess hunderte botanische und zoologische Illustrationen von unbekannten chinesischen Malern nach seinen Vorgaben anfertigen. Man vermutet, dass der Scharlachara zur Menagerie des schottischen Naturforschers, Opiumspekulanten und Händlers Thomas Beale (ca. 1775–1841) in Macau gehörte, der angeblich über 600 seltene Vögel aller Art von durchfahrenden Seeleuten oder chinesischen Händlern als Geschenk erhalten oder erworben hatte. Möglicherweise gelangten Kopien dieses Bildes nach China. Neben Beale waren auch reiche chinesische Kaufleute an exotischen Vögeln interessiert, die oft über den Schmuggel nach Guangzhou gelangten. „ ... all types of luxury items including jewels, rubies, diamonds, coral, pearls, exotic clocks, mechanical gadgets, rare animal skins, exotic birds and feathers were regularly smuggled into China." (Van Dyke, 2010).

Erst in den 1930er Jahren findet man wieder chinesische Bilder mit Scharlacharas. Der bekannte Maler Yu Fei'an 于非闇 (1889–1959) malte eine Serie solcher Bilder in dieser Zeit, jeweils versehen mit Kolophon. Das interessanteste Bild *Shile niao* 時樂鳥 (五色鸚鵡) stammt aus dem Jahre 1948, wobei er im Kolophon schreibt, dass dieser Scharlachpapagei vom bekannten Diplomaten Wu Tingfang 伍廷芳 (1842–1922) während der Regierungszeit Guangxus der Kaiserin Cixi 慈禧太后 (1835–1908) als Geschenk überreicht worden sei 此鳥 為光緒時伍廷芳所獻慈禧太后睿賞 (https://www.getit01.com/p201806122950086/). So kommt also nach Kaiser Qianlongs Zeit zum ersten Mal wieder ein Scharlachara nach China, und zwar wieder an den Hof zu Peking. Ob Wu Tingfang vom Scharlachara Kaiser Qianlongs wusste?

Nun stellt sich endlich die Frage, wie und wann kam der Scharlachara nach China? Dass schon zur Mingzeit und vorher Papageien durch seefahrende, handeltreibende Kaufleute nach China eingeführt wurden, hat Ptak (2003) ausführlich beschrieben. Das betrifft aber nur Papageien aus dem Nanyang (Länder im Südmeer, d.h. Süd- und Südostasien). Papageien außerhalb Asiens konnten erst, nachdem die europäischen Seemächte wie Portugal, die Niederlande und England den Seeweg nach Indien und Ostindien gefunden hatten, d.h. nach

1498, nach China gelangen. So ist die Einfuhr des afrikanischen Graupapageis aus Angola, einem portugiesischen und zeitweise niederländischen Machtbereich, leicht nachvollziehbar; ebenso die Einfuhr des Mauritiussittichs aus Mauritius, das ab 1600 oft als Zwischenstopp von niederländischen Schiffen auf der Fahrt nach Batavia diente. Java bzw. Batavia blieb noch längere Zeit nach der Besetzung durch die VOC um 1600 ein bedeutender Umschlaghafen für chinesische Kaufleute. So berichtet Cheng Xunwo (程遜我, 1710–1747?), ein chinesischer Gelehrter, der von 1729 bis 1736 als Privatlehrer in Java lebte, dass chinesische Kaufleute neben anderen lokalen Produkten auch Papageien nach China brachten (Blussé und Nie, 2019). Papageienhandel mit China, insbesondere mit weissen Kakadus aus Sulawesi, trieben auch die Portugiesen wie Navarrete (1676) schreibt: „En Macasar ay abundancia de unas aves, que llaman Cacatua, son todas blancas, y algunas mayores que gallinas, el píco es de Papagayo domesticanse, y habla con gran facilidad; ... llevanlas a China los Portugueses, paganlas muy bien los de aquella tierra.“

Der Scharlachara, der von Wu Tingfang 伍廷芳 der Kaiserin Cixi übergeben wurde.
Bild des Yu Fei'an 于非闇 (1889–1959) von 1948.
http://blog.sina.com.cn/s/blog_14b3d4d590102x2p9.html

Schwieriger gestaltet sich die Suche nach einer geeigneten Route für die Einfuhr der südamerikanischen Papageien wie den Scharlachara, die Gelbkopfamazone und den anderen Papagei (*Amazona farinosa* oder *Brotogeris chrysoptera*). Da der direkte Handel zwischen Brasilien und Macau bis 1810 verboten war, mussten die brasilianischen Papageien also zuerst nach Lissabon oder Amsterdam gebracht werden und von dort den langen Seeweg um das Kap der Guten Hoffnung nach Asien nehmen, eine Fahrt, die mindestens zwei Jahre erforderte. Denkbar ist aber auch, dass das 1652 als Versorgungsstation für die Schiffe der VOC gegründete Kapstadt als Umschlaghafen für Papageien aus Angola und Brasilien fungierte, was zu einer erheblichen Verkürzung der Fahrtzeit beitragen konnte. Als Beispiel des regen Papageienhandels der Niederländer zwischen Brasilien und Afrika sei Zacharias Wagner (auch Wagener geschrieben, 1614–1688) zitiert: „Derer Arth grauwer Papagaijen werden viel auß Africa auß den Landschaften Angola, Guinea, Cabo Verde und dergleichen andren mehr in Brasil gebracht. Sie können aber nicht so wohl sprechen alß die hiesigen grünen Papagaijen sondern pfeiffen so starck daß einem die Ohren davon wehe thun." (Dutch Brazil, 1997). Der aus Dresden stammende Wagner stand als Schreiber, Zeichner und Kaufmann im Dienste der Niederländischen Westindien-Kompagnie in Nordostbrasilien und nach 1642 der Ostindien-Kompagnie in Südafrika und Ostasien. Dass auch die britische East India Company in Papageientransport involviert war, zeigt das Bild eines Grünflügelara (*Ara chloropterus*), das um 1780 im Auftrag von Lady Mary Impey in Calcutta gemalt wurde (https://upload. wikimedia.org/wikipedia/commons/f/f5/Green-Winged-Macaw.jpg). Dieser Papagei sieht dem Scharlachara (*Ara macao*) ähnlich und führte schon bei Gessner und Aldrovandi zu Bestimmungsproblemen (siehe weiter oben). Dieses Beispiel zeigt jedoch, dass Scharlacharas wenn auch nicht offiziell gehandelt, so doch dank des kolonialen Handels weite Verbreitung fanden.

Eine dritte Variante wäre aber die bisher selten beachtete Transpazifikroute der Manila-galeone von Acapulco in Mexiko nach Manila auf den Philippinen. Die Fahrtzeit nach Manila betrug nur etwa 3 Monate, und die Galleonen waren grösser und sicherer als die Schiffe nach Indien und Ostindien. Das wichtigste aber, in den Tropenwäldern Südmexikos waren alle vorhin genannten südamerikanischen Papageien (mit Ausnahme des *Brotogeris chrysoptera*) heimisch. Ausserdem lebte in Manila eine chinesische Kolonie, die regen Handel mit den chinesischen Häfen in Fujian und Guangdong betrieb. Nach Iaccarino (2011) brachten die chinesischen Sampanhändler mit ihren Waren auch domestizierte Tiere mit wie Pferde, Wasserbüffel, Gänse und selbst Vögel in Käfigen, von denen einige sprechen konnten, andere wiederum singen, und hiessen sie unzählige Tricks aufführen. Chinesische Vögel sollen auch an Bord der Manilagaleonen Platz gefunden haben. Der mexikanische Psittakologe Gómez Garza (2014) wiederum äussert sich überzeugt, dass amerikanische Papageien in der Gegenrichtung auf der Transpazifikroute nach Asien gelangt seien. Es ist bemerkenswert, dass alle drei im Vogelbuch abgebildeten amerikanischen Papageien in den Tropenwäldern Südmexikos heimisch waren.

Leider sind noch keine Dokumente gefunden worden, die die eine oder andere Variante bestätigen können. Vielleicht ist es nur dem Zufall bzw. der Initiative eines einzelnen Kapitäns oder Seefahrers zu verdanken, dass die amerikanischen Papageien über Macau, Batavia oder Manila den Weg nach China fanden.

2. Der gelbe Papagei = Lutino Halsbandsittich = 黃鸚哥 (*Psittacula krameri* gelbe Mutation)

Abbildungen des gelben Papageis 黃鸚哥 (*Psittacula krameri*, gelbe Farbmutation) kommen im kaiserlichen *Niaopu* 鳥譜 in China vor als auch in den verschiedenen Kopien von Yu Shengs 余省 oder 余曾三 *Hundert Vögeln* 百花鳥圖, die nach 1737 in Japan angefertigt wurden. Darstellungen aus früherer Zeit sind nicht bekannt geworden.

In Europa wird der gelbe Papagei das erste Mal im ersten Band der *Histoire naturelle des perroquets* des französischen Ornithologen François Levaillant (1801) abgebildet, in einem Stich von Jacques Barraband (1767–1809). Die Beschreibung Levaillants (1753–1824) erwähnt hier zum ersten Mal das Phänomen der Farbmutation in Papageien anhand des Halsbandsittichs (Perruche souffré). Levaillant schreibt gleich zu Beginn:
„Nous ignorons si cette Perruche n'est qu'une varieté d'une espèce connue, ou si elle forme une espèce à part. En général, les Perroquets verts ou rouges sont sujets à devenir jaunes, et il pourroit bien se faire que celui-ci fût dans ce cas.“

Der gelbe Papagei: La Perruche souffré – Lutino Halsbandsittich (*Psittacula krameri*, gelbe Farbmutation).
Quelle: Levaillant, François (1801) *Histoire naturelle des perroquets*. Band 1. Paris: Levrault, Schoell & Cie. Stiche von Jacques Barraband, Taf. 43
https://www.biodiversitylibrary.org/bibliography/60852#/summary

Nach einer ausführlichen Diskussion seiner Beobachtungen zur Farbmutation schreibt Levaillant weiter:

„Je sens bien tout ce qu'on pourroit m'objeter sur cette loi de la nature; mais comme il s'agit bienmoins ici de raisons et de causes que d'effets, nous nous bornerons à cette grande vérité de fait, c'est qu'on a vu, et qu'on trouve chaque jour et parmi tout les espèces d'oiseaux, des individus plus au moins variés en blanc, et qui jamais on n'a vu cela dans les Perroquets; ceux-ci deviennent jaunes, et j'en conclus que cette variation en jaune est pour eux ce qu'est celle en blanc pour les autres oiseaux, et qu'il est probable que la cause est la mème pour tout, c'est-à-dire que, dans la mème cas, les uns se couvrent de plumes blanches, et les autres, de plume jaunes. Or la Perruche dont il question dans cet article est entièrement jaune, et comme je lui trouve beaucoup de rapport avec notre Perruche à collier couleur de rose, je soupçonne qu'elle n'en qu'une variété.“

Trotz seiner bestechenden Logik war Levaillant nicht vollkommen überzeugt, dass der gelbe Papagei eine Mutation des Halsbandsittichs war und empfahl weitere Beobachtungen, da er selbst nur ein einziges Exemplar in Leiden, Niederlande, gesehen hatte.

Verglichen mit der ursprünglichen Beschreibung des gelben Papageis im *Niaopu* 鳥譜 hundert Jahre früher lässt sich der große Fortschritt in der wissenschaftlichen Argumentation feststellen. Es wird nicht nur beschrieben, sondern auch nachgefragt, warum etwas so ist, was die möglichen Gründe dafür sind, und ob ein allgemeines Naturgesetz dahintersteht. In diesem Lichte gesehen war der gelbe Papagei ein hervorragendes Beispiel in der Entwicklung der Biologie und im weiteren der Evolutionstheorie.

Psittacula krameri – Palaeornis torquatus. Halsbandsittich, gelbe Varietät.
Quelle: Lear, Edward (1832) *Illustrations of the family of Psittacidæ, or parrots:* the greater part of them species hitherto unfigurcd, containing forty-two lithographic plates, drawn from life, and on stone. E. Lear, London, Plate 33.
https://www.biodiversitylibrary.org/bibliography/61906#/summary

Eine schöne Darstellung des gelben Papageis findet sich auch auf Taf. 43 in Edward Lears (1812–1888) *Illustrations of the family of Psittacidæ* von 1832. Er hatte ihn mit eigenen Augen gesehen und nannte ihn *Palaeornis torquatus*. Rose ringed parakeet... Yellow variety, dies direkt übernommen von Levaillant. Allerdings war kein beschreibender Text beigefügt.

Inzwischen weiss man mit Sicherheit, wie Levaillant schon beobachtete, dass die Lutinos die Albino Version der grünen Papageien sind. Ausser den gelben Federn fallen besonders die von weissen Irisringen umrandeten roten oder rosa Augen auf, während „normale" Papageien schwarze Augen haben. Auch weisen die Beine und der Schnabel eine rötliche Färbung auf. Levaillants und Lears gelbe Papageien zeigen nur undeutlich diese Merkmale, so wie auch der gelbe Papagei im *Niaopu*.

Der gewöhnliche, grüne Halsbandsittich selbst ist die am weitesten verbreitete Papageienart. Er kommt sowohl in Afrika südlich der Sahara als auch in Asien im indischen Subkontinent vor, mit Ausläufern bis nach Zentralmyanmar und Südwestchina. Auf frühen chinesischen Rollbildern ist er oft zu sehen, allerdings meist in der verwandten Form des einheimischen Chinasittichs (*Psittacula derbiana*). In Europa war er schon seit der Antike bekannt und soll von Alexander dem Grossen aus Indien gebracht worden sein. Man findet seine Darstellungen auf Mosaiks aus der Antike, in mittelalterlichen Handschriften und beginnend mit der frühen Renaissance auf zahlreichen Gemälden. Allerdings ist kein Gemälde mit einer Lutino Mutation bekannt geworden, außer man erkennt im Bild „Mädchen mit Papagei" der Erzherzogin Marie Christine von Habsburg-Lothringen (1742–1798), einer Tochter der Kaiserin Maria Theresia, einen solchen. Es ist durchaus möglich, dass der Kaiserhof in Wien einen der äußerst seltenen Lutino Halsbandsittiche besaß. Ansonsten gab es nur zwei Berichte über die Existenz des gelben Papageis in Europa, einmal von Levaillant, der ihn in Leiden sah, und von der Zoologischen Gesellschaft in London, die einen besaß (*List of the animals,* 1837). Man könnte also den Lutino Halsbandsittich seiner Seltenheit wegen auch als einen „Exoten" bezeichnen. Erstaunlicherweise war in Mexiko die Lutino Varietät der dort vorkommenden Grünwangenamazone (*Amazona viridigenalis*) schon den Azteken bekannt (Gómez Garza, 2014). Ob eine Farbzeichnung Pisanellos (1395–1455) aus dem 15. Jahrh. die erste Darstellung einer Lutino Varietät des Halsbandsittich ist, lässt sich aber nicht eindeutig feststellen, denn es bestehen einige Ungereimtheiten wegen der grünen Flügelspitzen und der fehlenden Füsse. Jouanin (2020) entdeckte erst kürzlich Miniaturbilder von Lutino Halsbandsittichen in einem mittelalterlichen Stundenbuch von 1409, die er für die erste Abbildung des gelben Papageis hält. Es soll an dieser Stelle noch darauf hingewiesen werden, dass die Lutino Mutation des Halsbandsittichs leicht mit dem bekannteren, ähnlich aussehenden südamerikanischen Goldsittich (*Guaruba guarouba*) verwechselt werden kann, so auch Pisanellos Halsbandsittich.

Außer von den kaiserlichen Hofmalern sind keine anderen Bilder des gelben Papageis in China bekannt. Es gibt aber eine Porzellanskulptur eines gelben Papageienpaars aus der Kangxi-Zeit, die in der National Gallery of Victoria in Melbourne ausgestellt ist (https://www.ngv. vic.gov.au/explore/collection/work/91050/). Da anderweitig keine Porzellanskulpturen von gelben Papageien bekannt sind, könnte es sich bei dieser Skulptur um den gelben Papagei des Kaisers handeln, der schon zu Zeiten Kangxis von Jiang Tingxi gemalt worden war. Die gelbe Farbe des Kaiserhauses könnte dem gelben Papagei eine zusätzliche Bedeutung verliehen haben.

Der gelbe Papagei 黃鸚哥 im *Niaopu* ist die erste lebenstreue bildliche Darstellung überhaupt des Lutino Halsbandsittichs (*Psittacula krameri* gelbe Mutation), er wurde aber nicht als Mutation erkannt. Dies blieb dem Franzosen Levaillant vorbehalten, der fast 100 Jahre später mit seiner hervorragenden Beobachtungsgabe und wissenschaftlichen Deduktion das Geheimnis des gelben Papageis lüften konnte.

Lutino Halsbandsittiche in Jean de Berrys Stundenbuch *Grandes Heures* (1409), fol. 37r und 45r
https://gallica.bnf.fr/ark:/12148/btv1b520004510/f97.item
(Jouanin, 2020)

Pisanello (1395–1455): Sitzender Halsbandsittich, im Profil nach rechts.
https://commons.wikimedia.org/wiki/File:Pisanello_-_Codex_Vallardi_2456.jpg;
https://commons.wikimedia.org/wiki/Codex_Vallardi

Ein Paar Papageien, Qing Dynastie, Kangxi-Zeit (1662–1722);
http://elogedelart.canalblog.com/archives/2009/10/13/15421688.html;
https://www.ngv.vic.gov.au/explore/collection/work/91050/

„Mädchen mit Papagei" von Erzherzogin Marie Christine von Habsburg-Lothringen (1742–1798), Wien.
http://sammlungenonline.albertina.at/Default.aspx#7ddeb38b-bf50-4395-857e-700469c5841d;

http://www.kulturpool.at/plugins/kulturpool/showitem.action?itemId=4295431879&kupoCon text=default

Zusammenfassung

– Das Niaopu, gemalt von Yu Sheng und Zhang Weibang, versucht die Tradition des alten *qinjing* 禽經 (Klassiker der Vögel, angeblich aus der Chunqiu-Zeit) fortzusetzen und umfaßt daher wie sein Vorgänger 360 Vogelarten.
– Heute ist das kaiserliche Werk, das mit großer Sorgfalt hergestellt ist, zwischen den Palastmuseen in Taipei und Peking geteilt. Es war lange unbekannt.
– Die (Pekinger) Faksimileausgabe erweckt den Eindruck, daß *alle* dargestellten Vögel sich tatsächlich im Palast befunden haben, was irrtümlich wäre. Die Beschreibung des Scharlachara könnte aber in der Tat auf die Beobachtung eines lebenden Tiers zurückgehen.
– Der Guacamayo (Scharlachara), der aus dem Norden Südamerikas bzw. Südmexiko stammt, ist als besonders farbenprächtig ausführlich beschrieben, wobei die Identifikationen mit in der älteren Literatur erwähnten Arten nicht begründet sind.
– Das Niaopu erweist sich als Kopie eines früheren, vom Kangxi-Kaiser in Auftrag gegebenen Vogelbuchs, das von Jiang Tingxi und Yu Sheng ausgeführt wurde. Darüber hinaus gab es noch eine Fassung von Yu Sheng, mit Texten von Wang Tubing, die wohl nicht mehr erhalten ist.
- Ein Auszug aus dem Niaopu, 100 Vögel umfassend, wurde 1737 nach Japan geschickt. Das Manuskript wurde von mehreren Künstlern zu verschiedenen Zeiten kopiert. Exemplare wurden in Berlin, Tokyo, Machida, und Lawrence (Kansas) ermittelt.
– In den 100 Vögeln ist der Scharlachara nicht vertreten; daher wurde als Untersuchungsobjekt der Gelbe Papagei, eine Lutino-Mutation des Halsbandsittichs, gewählt.
– Der Scharlachara erscheint Anfang des 16. Jh. in Europa in bildlicher Darstellung, so auf der Cantino-Karte von 1502.
– Dieser Ara war sehr beliebt und findet sich auf vielen Malereien, als Accessoire auf Porträts usw.; eine frühe Beschreibung und Abbildung steht in Gessners Vogelbuch (1555); eine gelungene farbige Darstellung stammt von Albert Eckhout, der im Auftrag von Johann Moritz von Nassau-Siegen Brasilien bereist hatte und 1653–1659 Schloß Hoflößnitz mit 80 Vogelbildern schmückte. Ein Bild aus neuerer Zeit zeigt einen Scharlachara, der der Kaiserinwitwe Cixi als Geschenk übergeben wurde (gemalt von Yu Fei'an 1948).
– Die Kernfrage, wie der aus Lateinamerika stammende Scharlachara an den Pekinger Kaiserhof kam, ist nicht schlüssig zu beantworten – drei Routen bieten sich an: über Europa, da eine Direktverbindung zwischen Brasilien und China nicht bestand; über Kapstadt (mit Hilfe der Holländer) oder über die Galeonenroute (Transpazifik).
– Der Darstellung des Gelben Papageis im kaiserlichen Vogelbuch ist die erste und beste bisher nachgewiesene. In Europa wurde diese seltene Lutino-Mutation erst 1801 durch François Levaillant beschrieben und identifiziert.

Bibliographie

Yu Sheng 余省, Zhang Weibang 張為邦: *Gugong niaopu* 故宮鳥普. The Manual of Birds.
Taibei: Guoli gugong bowuguan = National Palace Museum. 1997. Album 1–4. Faksimile.

Yu Sheng 余省, Zhang Weibang 張為邦: *Qinggong niaopu* 清宮鳥譜 Catalog of birds
collected in the Qing Palace.
Beijing: The Forbidden City Publishing House 2014. 557 S. Faksimile. Album 5–12.
(Qinggong jingdian = Classics of the Forbidden City.)

Aldrovandi, Ulisse (1603) *Ornithologiae, hoc est de avibus historiae*, Libri XIX–XX. Bologna:
apud Io. Bapt. Bellagambam, 1603.
(http://num-scd-ulp.u-strasbg.fr:8080/243), Liber XI, p. 675, Psittacus versicolor seu erythro-
scyanus
https://archive.org/details/hin-wel-all-00001977-001

Barthel, Peter H., Christine Barthel u.a. (2020) Deutsche Namen der Vögel der Erde. *Die
Vogelwarte* 58(1), 1–214.
http://www.do-g.de/fileadmin/Vogelwarte_58_2020-1__DO-
G_Dt_Namen_Voegel_d_Erde.pdf

Blussé, Leonard and Nie, Dening, (2018) The Chinese Annals of Batavia, the *Kai Ba Lidai Shiji*
and Other Stories (1610–1795), translated, edited and annotated. Leiden, Boston: Brill. Part III
Brief account of Galaba, by Cheng Xunwo (程遜我, 1710–1747?), S. 205–218.

Cantino-Weltkarte von 1502:
https://de.wikipedia.org/wiki/Cantino-Planisph%C3%A4re

Cheng, Tso-Hsin (1994) *A complete checklist of species and subspecies of the Chinese birds.*
Beijing: Science Press.

Dutch Brazil [Cristina Ferrão and José Paulo Monteiro Soares, ed.] (1997) Vol. II*: The
„Thierbuch“ and „Autobiography“ of Zacharias Wagener* [organizer: Dante Martins Texeira].
Rio de Janeiro: Editora Index, S. 65.

Eckhout, Albert (1610–1665), 1637–1644 in Brasilien
Liste der Vogelgemälde von Albert Eckhout in der Hoflößnitz, 1653–1659
80 Vogel-Ölgemälde, darunter 3 Papageien: Ara macao (hellroter Ara), Ara ararauna
(Gelbbrustara), Aratinga garouba (Goldsittich)
https://de.wikipedia.org/wiki/Liste_der_Vogelgem%C3%A4lde_von_Albert_Eckhout_in_der
_Hofl%C3%B6%C3%9Fnitz
https://commons.wikimedia.org/wiki/Category:Paintings_of_birds_by_Albert_Eckhout

Edwards, George (1751) *A natural history of birds: the most of which have not hitherto been
either figured or described, ...*, Part IV. and Last. College of Physicians, London.
https://www.biodiversitylibrary.org/bibliography/115782#/summary
Part IV., p. 160 on The Greater Cockatoo, cites Navarretes book

Gessner, Conrad (1555) *Conradi Gesneri medici Tigurini Historiae animalium ...Liber III.* De
avium natura. Tiguri: Froschover.

https://archive.org/stream/gri_33125010867691#page/n875/mode/2up/search/psittacus
https://www.e-rara.ch/zuz/content/titleinfo/2120014
S. 689–694 Psittacus
https://commons.wikimedia.org/wiki/File:Gessner_Papagei.jpg

Gómez Garza, Miguel Ángel (2014) *Loros de México: Historia natural.* Secretaría de Medio Ambiente y Recursos Naturales, Miguel Angel Porrua, México, D.F., S. 71 und 328.

Greenberg, Daniel M. (2019) Taxonomy of empire: The *Compendium of Birds* as an epistemic and ecological representation of Qing China. *Journal18*, Issue 7 *Animals* (Spring 2019). http://www.journal18.org/3710.

Greiff, B. (Hg.) (1861) Lucas Rem: Tagebuch aus den Jahren 1494–1541. Ein Beitrag zur Handelsgeschichte der Stadt Augsburg (1861), In: *Jahresbericht des Historischen Kreis-Vereins von Schwaben und Neuburg* 26.1861, S. 1–110.
https://books.google.de/books?id=T_0FAAAAQAAJ&printsec=frontcover&source=gbs_ge_s ummary_r&cad=0#v=onepage&q&f=false

Herold, Bernardo Jerosch; Thomas Horst und Henrique Leitão (2019) *A História natural de Portugal de Leonhard Thurneysser zum Thurn, ca. 1555–1556.* Lisboa: Academia das Ciências de Lisboa, S. 105–107.
http://www.acad-ciencias.pt/document-uploads/2695205_herold,-b,-horst,-t,-leitao,-h---historia-natural-portugal-transcricao-final2019.pdf
  S. 105–107 Description of
  African Parrot,
  Psitacus Aethiopicus
  Psitacus totus cinereus
  Psitacus Brasilicus
  Der ander grosse Papegoy
  Item ein Papegoy
  Allerkleinste papegoyen (periquitos)
  Psitacus totus viridis
http://www.acad-ciencias.pt/document-uploads/3651331_herold-bernardo-o-diario-do-suico-leonhard-thurneysser.pdf

Horst(ius), Georg (1669) *Gesneri redivivi, aucti et emendati Tomus III. Oder Vollkommenes Vogel-Buch/Zweyter Theil* ... Vormahls durch ... Conradum Gesnerum in lateinischer Sprache beschrieben, ... [Neu bearbeitet] durch Georgium Horstium. Franckfurt am Mayn: Wilhelm Serlin.

Hummel, A. W. (ed.) (1943/44) *Eminent Chinese of the Ch'ing period.* Washington, D.C.: Library of Congress.

Iaccarino, Ubaldo (2011) The 'Galleon System' and Chinese trade in Manila at the turn of the 16th century. *Ming Qing yanjiu* 2011, 95–128.
http://www.academia.edu/15651237/Ubaldo_Iaccarino_The_Galleon_System_and_Chinese_Trade_in_Manila_at_the_Turn_of_the_16th_Century_Ming_Qing_Yanjiu_2011_95-128

Johan Maurits van Nassau Siegen (ca. 1640–1650) *Libri principis.*
Biblioteka Jagiellońska, Krakau; früher Preuß. Staatsbibliothek Berlin
https://jbc.bj.uj.edu.pl/dlibra/publication/193889?language=en#structure
https://jbc.bj.uj.edu.pl/dlibra/publication/193891/edition/192080   Fauna
https://jbc.bj.uj.edu.pl/dlibra/publication/193892/edition/183824   Flora + Fauna

Jordan Gschwend, Annemarie (2018) The Emperor's exotic and New World animals: Hans Khevenhüller and Habsburg menageries in Vienna and Prague. In: Arthur MacGregor, ed. *Naturalists in the field: Collecting, recording and preserving the natural world from the fifteenth to the twenty-first century.* Leiden: Brill, 76–103.

Jouanin, Gaëtan (2020) Que le papegau n'est pas toujours vert. Une perrouche à collier lutino à la cour du Duc de Berry au début du XVe siècle. *Anthropozoologica* 55(3), 35-41 (21 February 2020).
http://sciencepress.mnhn.fr/sites/default/files/articles/pdf/anthropozoologica2020v55a3.pdf#viewer.action=download

Lady Mary Impey (1749–1818) und das Impey Vogelalbum.
https://en.wikipedia.org/wiki/Mary_Impey
https://www.bsecs.org.uk/criticks-reviews/lady-impeys-indian-bird-paintings/
https://upload.wikimedia.org/wikipedia/commons/f/f5/Green-Winged-Macaw.jpg

Lai Yu-chih (2013) Images, knowledge and empire: Depicting cassowaries in the Qing Court. *Transcultural Studies* 2013(1), 7–100. (Translated from the Chinese article: Lai Yu-chih 賴毓芝 (2011) Tuxiang, zhishi yu diguo: Qinggongde shihuoji tuhui 圖像、知識與帝國: 清宮的食火雞圖繪 *The National Museum Research Quarterly = Gugong xueshu jikan,* 29(2), 1–75).

Le Corbeiller, Clare (1972) Design Sources of Early China Trade Porcelain. *Antiques* 101 (January), 161–168.

Lear, Edward (1832) *Illustrations of the family of Psittacidæ, or parrots:* the greater part of them species hitherto unfigured, containing forty-two lithographic plates, drawn from life, and on stone. E. Lear, London. [only list of plates, no text]
https://www.biodiversitylibrary.org/bibliography/61906#/summary

List of the Animals in the Gardens of the Zoological Society; with Notices Respecting Them. May 1837. Thirteenth Publication (1837). London: Richard & John E. Taylor.
https://books.google.de/books?id=47-eUw72ihwC&printsec=frontcover&source=gbs_ge_summary_r&cad=0#v=onepage&q&f=false

Levaillant, François (1801) *Histoire naturelle des perroquets.* Band 1. Paris: Levrault, Schoell & Cie. Stiche von Jacques Barraband. S.86-88, Taf. 43
https://www.biodiversitylibrary.org/bibliography/60852#/summary

MacKinnon, John and Phillips, Karen (2000) *A field guide to the birds of China.* Oxford University Press, Plate 21 Distribution maps of parrots in China

Magee, Judith (2011) *Chinese art and the Reeves Collection: images of nature.* London: Natural History Museum.
https://nhmimages.com/?service=asset&action=show_zoom_window_popup&language=en&asset=2664&location=grid&asset_list=3836,1309,2563,2284,800,831,1248,3071,2783,3047,2280,3331,1344,2664,1526&basket_item_id=undefined;

A Manchu poem about cassowaries by the Qianlong emperor.
https://talesofmanchulife.wordpress.com/2018/05/18/a-manchu-poem-about-cassowaries-by-qianlong/

[Nach Lai Yu-chih]

Masseti, Marco (2018) New World and other exotic animals in the Italian Renaissance: the menageries of Lorenzo Il Magnifico and his son, Pope Leo X. In: Arthur MacGregor, ed. *Naturalists in the field: Collecting, recording and preserving the natural world from the fifteenth to the twenty-first century.* Leiden: Brill, 40–75.

Navarrete, Domingo Fernandez (1676) *Tratados historicos, politicos, ethicos, y religiosos de la monarchia de China.* Madrid: Imprenta Real, S. 44.
https://books.google.de/books?id=qheNKbYtj5MC&printsec=frontcover&source=gbs_ge_su mmary_r&cad=0#v=onepage&q&f=false

Neumann, Dietrich und Zhou, Hongzhang (2004) Das Vogelalbum des Kaisers Qianlong. *Ostasiatische Zeitschrift,* Neue Serie, 8 (Herbst) 2004, 33–40.

Piso, Wilhelmus (1658) *De Indiae utriusque re naturali et medica libri quatuordecim ...* Amstelaedami, apud Ludovicum et Danielem Elzevirios.
https://www.e-rara.ch/zut/collections/content/titleinfo/14004738

Cornelis Pronk (1691–1759), Dutch draughtsman
Chinese export famille rose vases, with parrot, ca. 1740;
"designed by Dutch Pronk Studio"
https://en.wikipedia.org/wiki/Cornelis_Pronk
https://www.patergratiaorientalart.com/home/2448
https://www.1stdibs.com/furniture/asian-art-furniture/ceramics/five-piece-chinese-export-garniture-set-parrot-decoration/id-f_716096/

Ptak, Roderich (2003) Seltene Vögel für China: Papageien, Loris, Kakadus (Song bis Ming). In: *Mirabilia Asiatica: produtos raros no comércio marítimo: produits rares dans le commerce maritime; seltene Waren im Seehandel.* Jorge Manuel dos Santos Alves, Claude Guillot, Roderich Ptak, eds. Wiesbaden: Harrassowitz, Lisboa: Fundaçaõ Oriente 2003 (South China and Maritime Asia 11.), 151–174.

Ptak, Roderich (2006) *Exotische Vögel: Chinesische Beschreibungen und Importe.* Wiesbaden: Harrassowitz 2006. 127 S. (East Asian Maritime History 3.)

Ptak, Roderich (2011) *Birds and beasts in Chinese texts and trade. lectures related to South China and the overseas world.* Wiesbaden: Harrassowitz 2011. X, 140 S. (Maritime Asia 22)

Reeves – *John Reeves Collection of Zoological Drawings from Canton, China,* Plate 25 Scharlachara, ca. 1829–1831.
https://nhmimages.com/?service=asset&action=show_zoom_window_popup&language=en& asset=2664&location=grid&asset_list=3836,1309,2563,2284,800,831,1248,3071,2783,3047,2 280,3331,1344,2664,1526&basket_item_id=undefined;
https://www.dukes-auctions.com/Dukes-Reeves-Catalogue.pdf

Rudolph, Richard C. (1961) Chinese avian iconography. *Books and Libraries* 25.1961, 8–11.

Schafer, Edward H. (1959) Parrots in medieval China. *Studia Serica Bernhard Karlgren dedicata. Sinological studies dedicated to Bernhard Karlgren on his seventieth birthday,*

October fifth, 1959. Else Glahn and Sören Egerod, eds. Copenhagen: Ejnar Munksgaard, 271–282.

Schafer, Edward H. (1963) *The golden peaches of Samarkand*. Berkeley: University of California Press, 99–102.

Siebert, Martina (2017) Consuming and possessing things on paper: Examples from late Imperial China's natural studies. In: *Living the good life: Consumption in the Qing and Ottoman empires of the eighteenth century*, eds. Elif Akcetin and Suraya Faroqhi. Leiden, Boston: Brill, 384–408.

Springer, Katharina B. und Ragnar K. Kinzelbach (2009) *Das Vogelbuch von Conrad Gessner (1516–1565)*. Berlin: Springer.

Stary, Giovanni (2005): A list of Manchu bird names and their identification. *Altaica* 10.2005 218–238.

Stresemann, Erwin (1952) On the birds collected by Pierre Poivre in Canton, Manila, India and Madagascar (1751–1756). *Ibis* 94, 499–523.

Teixeira, Dante Martins (2009) Os quadros de aves tropicais do Castelo de Hoflössnitz na Saxônia e Albert Eckhout (ca. 1610–1666), artista do Brasil Holandês. *Revista do Instituto de Estudos Brasileiros*, Nr. 49, S. 67–90.
http://www.revistas.usp.br/rieb/article/view/34640/37378

Van Dyke, Paul A. (2010). Smuggling networks of the Pearl River delta before 1842: Implications for Macau and the American China trade. *Journal of the Royal Asiatic Society Hong Kong Branch* 50, 67–97.

(Verhaeren, Hubert) (1949) Catalogue de la bibliothèque du Pé-t'ang. Pékin: Imprimerie des Lazaristes.

Wheatley, Paul (1959) Geographical notes on some commodities involved in Sung maritime trade. *Journal of the Malayan Branch of the Royal Asiatic Society*, Vol. 32, No. 2, pp. 3, 5–41, 43–139.

Yanagisawa, Akira 柳澤明 (2004). Kokyū hakubutsuin zō Man Kan gappeki Chōfu ni tsuite 故宮博物院藏滿漢合璧《鳥譜》について (On the bilingual Album of Birds in the collection of National Palace Museum in Taipei). *Manzoku-shi kenkyū* 滿族史研究, 3.2004, 18–39.

Yu Fei'an 于非闇: Scharlachara (1948).
https://www.getit01.com/p201806122950086/
http://blog.sina.com.cn/s/blog_14b3d4d590102x2p9.html

Zach – Walravens, H. (2019). *Zur klassischen poetischen Literatur Chinas. Leitfaden zu den Übersetzungen und Rezensionen von Erwin von Zach (1872–1942)*. Norderstedt: BoD 2019. 324 S.

Zhuang Jifa 莊吉發 (2017) *Niaopu Manwen tushuo jiaozhu quantao* 鳥譜滿文圖說校注全套（共六冊）Taibei: Wenshizhe 文史哲 2017. Heft 1: 215 S.